应用型本科高校建设示范教材

概率论与数理统计

主　编　孟艳双　崔兆诚

副主编　鲁慧芳　毛松军

中国水利水电出版社

www.waterpub.com.cn

·北京·

内 容 提 要

本书是应用型本科理工类基础课规划教材之一，根据应用型本科院校概率论与数理统计课程的最新教学大纲及考研大纲编写而成。本书以适应应用型教学为指导思想，着重介绍概率论与数理统计中主要内容的思想方法，力求做到理论与应用相结合。

本书介绍概率论与数理统计的基本概念、基本理论和方法，内容包括随机事件及概率、随机变量及其分布、二维随机变量及其分布、随机变量的数字特征、大数定律和中心极限定理、数理统计的基本知识、参数估计、假设检验等。每章节末均有习题，供学生练习之用。

本书可供科技、工程技术人员参考，对报考研究生的人员也可以提供非常有益的帮助。

图书在版编目（CIP）数据

概率论与数理统计 / 孟艳双，崔兆诚主编. -- 北京：中国水利水电出版社，2022.11（2025.2 重印）
应用型本科高校建设示范教材
ISBN 978-7-5226-1106-8

Ⅰ. ①概… Ⅱ. ①孟… ②崔… Ⅲ. ①概率论－高等学校－教材②数理统计－高等学校－教材 Ⅳ. ①O21

中国版本图书馆CIP数据核字(2022)第215980号

策划编辑：杜威　　责任编辑：张玉玲　　封面设计：梁燕

书　名	应用型本科高校建设示范教材 概率论与数理统计 GAILÜLUN YU SHULI TONGJI
作　者	主　编　孟艳双　崔兆诚 副主编　鲁慧芳　毛松军
出版发行	中国水利水电出版社 （北京市海淀区玉渊潭南路 1 号 D 座　100038） 网址：www.waterpub.com.cn E-mail：mchannel@263.net（答疑） sales@mwr.gov.cn 电话：（010）68545888（营销中心）、82562819（组稿）
经　售	北京科水图书销售有限公司 电话：（010）68545874、63202643 全国各地新华书店和相关出版物销售网点
排　版	北京万水电子信息有限公司
印　刷	三河市德贤弘印务有限公司
规　格	170mm×240mm　16 开本　12 印张　222 千字
版　次	2022 年 11 月第 1 版　2025 年 2 月第 2 次印刷
印　数	5001－7000 册
定　价	34.00 元

前　言

“概率论与数理统计”是研究随机现象的客观规律的一门数学学科，随着现代科学技术的发展，它已经被广泛应用于众多学科与行业中。为适应高等教育的迅速发展，作为大学阶段的一门重要的数学基础课，“概率论与数理统计”课程的改革成为当务之急，作为载体的教材应与时俱进。为了进一步提高教学质量，在多年教学实践的基础上，编写一本突出基本思想和基本方法，注重培养学生应用概率统计方法分析和解决实际问题能力，便于学习和适应教学新形势的《概率论与数理统计》十分必要。

本书是根据数学与统计学教学指导委员会制定的《工科类本科数学基础课程教学基本要求》的精神和原则，结合多年学习、研究和在教学工作中的一些感悟与经验，面向理工类本科各专业大学生编写的。本教材以适应应用型教学为指导思想，着重介绍概率论与数理统计中主要内容的思想方法，力求做到科学性与实用性相结合；在内容的处理上从具体到一般，由直观到抽象，由浅入深，循序渐进。本书在涵盖基本内容的基础上略去了一些较难的或叙述较烦琐的证明，弱化了理论推导以及对学生运算技巧的要求，着重介绍其中所蕴含的思想及解决问题的基本方法，突出科学的思维方式，拓宽领域，加强应用。同时，为提高学生应用概率论与数理统计解决实际问题的能力，书中包含大量概率论与数理统计在解决实际问题中的应用实例。

本书由孟艳双、崔兆诚担任主编，鲁慧芳、毛松军担任副主编。各章的具体分工如下：第 1、5 章由孟艳双编写，第 2、8 章由崔兆诚编写，第 3、7 章由鲁慧芳编写，第 4、6 章由毛松军编写。参加本书编写的人员都是多年担任“概率论与数理统计”课程教学的教师，他们都有较深的理论造诣和较丰富的教学经验。

在编写过程中，编者参阅了大量国内外同类教材，受到不少启发和教益，谨向有关作者表示诚挚的谢意！同时，山东交通学院教务处、理学院的有关领导及同仁对本书的编写给予了热情的支持和指导，在此一并致谢。

由于编者水平所限，加之时间仓促，书中难免有疏漏或者不妥之处，恳请专家及同行批评指正。

编　者

2022 年 7 月

目　录

第 1 章　随机事件及概率

本章学习目标

“随机事件”和“概率”是概率论中两个最基本的概念，了解了样本空间、事件的关系和运算才能研究复杂事件，掌握了概率才能进一步理解条件概率、全概率公式、贝叶斯公式和独立性，本章内容是整个概率论的基础，学好它至关重要．通过本章的学习，重点掌握以下内容：

- 事件的关系和运算
- 概率的定义和性质
- 古典概型中概率的计算
- 条件概率的含义和计算
- 全概率公式和贝叶斯公式
- 独立性的含义和计算

§ 1.1　随机事件

人们在实际生活中会遇到两类现象．一类称为确定性现象（必然现象），例如，向空中抛掷一石子，石子落地；同性电荷相斥，异性电荷相吸等．另一类称为不确定性现象（偶然现象），又分为个别现象和随机现象，其中随机现象是我们关注的重点，例如，抛一枚质地均匀的硬币，其结果可能是正面（规定刻有国徽的一面为正面）朝上，也可能是反面朝上；在合格品率为 85%的产品中任取一件产品，有可能取到的是合格品，也有可能取到的是不合格品；等等．这类现象在一定的条件下，可能出现这样的结果，也可能出现那样的结果，而在试验或观察之前，不能预知确切的结果，但人们经过长期实践并深入研究之后，发现这类现象在大量重复试验或观察下，它的结果呈现出某种规律性．例如多次重复抛一枚均匀硬币，得到正面朝上的次数大致有一半；在合格品率为 85%的产品中任取一件产品，取到的是合格品的次数大致是总次数的 85%；等等．这种在大量重复试验或观察中所呈现出的固有规律性，就是我们所说的**统计规律性**．这种在个别试验中其结果呈现出不确定性，在大量重复试验中，其结果又具有统计规律性的现象，我们称之为**随机现象**．概率论与数理统计是研究和揭示**随机现象统计规律性**的一门数学学科．

1.1.1 随机试验

在研究实际问题时，需要做各种各样的观察与试验，一般满足以下 3 个条件的试验称为**随机试验**：

（1）试验可以在相同条件下重复进行；

（2）试验的所有可能结果是事先明确可知的；

（3）每次试验之前不能确定哪一个结果一定会出现．

随机试验包括对随机现象进行观察、测量、记录或进行科学实验等．我们以后提到的试验都是指随机试验，也简称为**试验**，通常用字母 E 表示，例如：

- E_1：掷一颗质地均匀的骰子，观察出现的点数．
- E_2：一箱中装有标号 1～15 的 15 个红、白两种颜色的乒乓球，从箱中任意抽取 1 个球，先观察其号数，后观察其颜色．
- E_3：测量车床加工零件的直径．
- E_4：观察某厂生产的灯泡的使用寿命．

对于随机现象，人们经过长期的观察或进行大量的试验发现：发生的结果并非是杂乱无章的，而是有规律可循的．例如，大量重复地抛掷一枚硬币，得到正面朝上的次数与正面朝下的次数大致都是抛掷总次数的一半；同一门炮发射多发炮弹射击同一目标，弹着点按照一定的规律分布．在大量的重复试验或观察中所呈现出的固有规律性，就是所谓的**统计规律性**．

1.1.2 样本空间

对于随机试验，人们感兴趣的是试验结果，即每次随机试验后所发生的结果．随机试验 E 的每一个可能的结果，称为随机试验 E 的一个**样本点**，通常用字母 ω 表示．随机试验 E 的所有样本点组成的集合称为随机试验 E 的**样本空间**，通常用字母 Ω 表示．

例 1 E_1：掷一颗质地均匀的骰子，观察出现的点数．求 E_1 的样本空间．

解 令 ω_i 表示“出现 i 点”，$i=1,2,\cdots,6$．ω_i 是 E_1 的样本点，所以样本空间可简记为

$$\Omega=\{\omega_1,\omega_2,\cdots,\omega_6\}.$$

例 2 E_2：一箱中装有标号为 1～15 的 15 个红、白两种颜色的乒乓球，（1）从

箱中任意抽取 1 个球，观察其号数；（2）从箱中任意抽取 2 个球，观察其颜色．求 E_2 的样本空间．

解　（1）观察其号数．

令 ω_i 表示“取得 i 号球”，$i=1,2,\cdots,15$．ω_i 是 E_2 的样本点，所以样本空间可简记为

$$\Omega_1=\{\omega_1,\omega_2,\cdots,\omega_{15}\}.$$

（2）观察其颜色．

试验的全部样本点是：(红，红)，(红，白)，(白，白)，其中(红，红)表示两球都是红球，以此类推，则样本空间为

$$\Omega_2=\{(\text{红，红}),(\text{红，白}),(\text{白，白})\}.$$

例 3　E_3：测量车床加工零件的直径（单位：毫米）．求 E_3 的样本空间．

解　E_3 的样本点：ω_x 表示“测量的直径是 x 毫米”（$a\leqslant x\leqslant b$）．所以样本空间可简记为

$$\Omega_3=\{\omega_x \mid a\leqslant x\leqslant b\}.$$

例 4　E_4：在一批灯泡中任意抽取一只，测试其使用寿命．求 E_4 的样本空间．

解　令 ω_t 表示“测得灯泡使用寿命为 t 小时”（$0\leqslant t<+\infty$）．ω_t 是 E_4 的样本点，所以样本空间可表示为

$$\Omega_4=\{\omega_t \mid 0\leqslant t<+\infty\}.$$

从上述例题可以看到：样本空间可以是一维点集或多维点集，可以是离散点集，可以是某个区域，也可以是有限集或无限集（对应的样本空间称为有限样本空间或无限样本空间）．

1.1.3　事件

1．随机事件

一个随机试验中可能发生也可能不发生的事件称为该试验的随机事件（简称事件），通常用字母 A、B、C 等表示．实际上，随机事件是由若干个样本点组成的集合，是样本空间的子集．

2．基本事件

试验的每一可能的结果称为基本事件．一个样本点 ω 组成的单点集 $\{\omega\}$ 就是随机试验的基本事件．

3．必然事件

每次试验中必然发生的事件称为必然事件．上述内容已给出样本空间的概念，在每次试验中，如果将样本空间也看成事件的话，则这个事件必然发生，因而样

本空间是必然事件，所以仍用 Ω 表示必然事件.

4. 不可能事件

每次试验中不可能发生的事件称为不可能事件. 它不含任何样本点，可理解为空集，记为 $\varnothing$.

注 （1）样本空间的构成是由试验的条件和观察的目的所决定的.

（2）基本事件是事件的一种，由若干个基本事件组成的事件，通常称为复合事件.

（3）事件 A 发生是指当且仅当试验结果中出现了 A 中包含的某个样本点.

1.1.4 事件之间的关系和运算

在一个样本空间 Ω 中，包含许多的随机事件. 研究随机事件的规律，往往是通过对简单事件规律的研究去发现更为复杂事件的规律. 为此，引入事件之间的一些重要关系和运算. 由于任一随机事件是样本空间的子集，所以事件之间的关系和运算与集合之间的关系和运算是完全类似的.

1. 事件的包含及相等

如果“事件 A 的发生必然导致事件 B 的发生”，则称事件 B 包含事件 A ，也称 A 是 B 的子事件，记作

$$A \subset B \text{ 或 } B \supset A .$$

在例 1 掷骰子的试验中，设 $A=\{2\}$，$B=\{2, 4, 6\}$，显然 $A \subset B$ ，即事件 A 是事件 B 的子事件.

注 对任一事件 A 都有子事件关系：

$$\varnothing \subset A \subset \Omega .$$

我们给出事件包含关系的一个直观的几何解释，如图 1.1 所示.

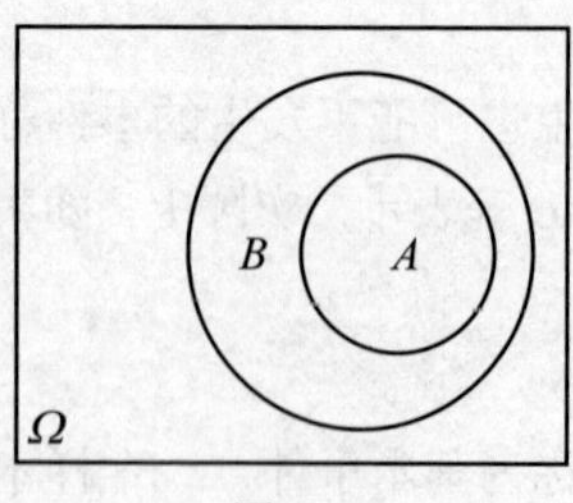

图 1.1

如果有 $A \subset B$ 且 $B \subset A$ ，则称事件 A 与事件 B 相等，记作 $A=B$.

易知，相等的两个事件 A、B 总是同时发生或同时不发生，即 $A=B$ 表示它们是由相同的样本点组成的.

2. 事件的和（并）

“事件 A 与 B 中至少有一个事件发生”，这样的事件称为事件 A 与 B 的和事件，记作

$$A \cup B .$$

可见，$A \cup B$ 由所有属于 A 或属于 B 的样本点组成．事件 A 与 B 的和事件 $A \cup B$ 对应集合 A 与 B 的并集，如图 1.2 中的阴影部分所示．

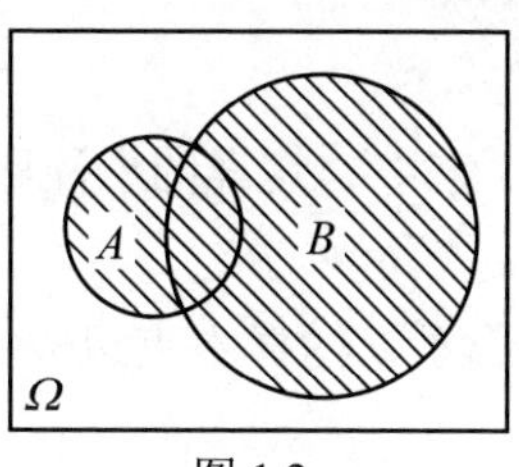

图 1.2

例如，在掷一枚骰子的试验中，若设事件 $A=\{2,3,4\}$，事件 $B=\{1,2\}$，则和事件为 $A \cup B=\{1,2,3,4\}$，表示{掷出的点数小于 5}．

和事件可以推广到有限多个事件与可列多个事件之和的情形：

对于“事件 $A_1, A_2, \cdots, A_n$ 中至少有一个发生”这一事件，我们称为 $A_1, A_2, \cdots, A_n$ 的和事件，用 $A_1 \cup A_2 \cup \cdots \cup A_n$ 表示，简记为 $\bigcup_{i=1}^{n} A_i$．

对于“可列无穷多个事件 $A_1, A_2, \cdots, A_n, \cdots$ 中至少有一个发生”这一事件，我们称为 $A_1, A_2, \cdots, A_n, \cdots$ 的和事件，用 $A_1 \cup A_2 \cup \cdots \cup A_n \cup \cdots$ 表示，简记为 $\bigcup_{i=1}^{+\infty} A_i$．

3. 事件的积（交）

“事件 A 与 B 同时发生”，这样的事件称作事件 A 与 B 的积（或交）事件，记作

$$A \cap B \text{ 或 } AB .$$

AB 由既属于 A 又属于 B 的样本点组成．如果将事件用集合表示，则事件 A 与 B 的积事件 AB 对应集合 A 与 B 的交集．其几何意义如图 1.3 中的阴影部分所示．

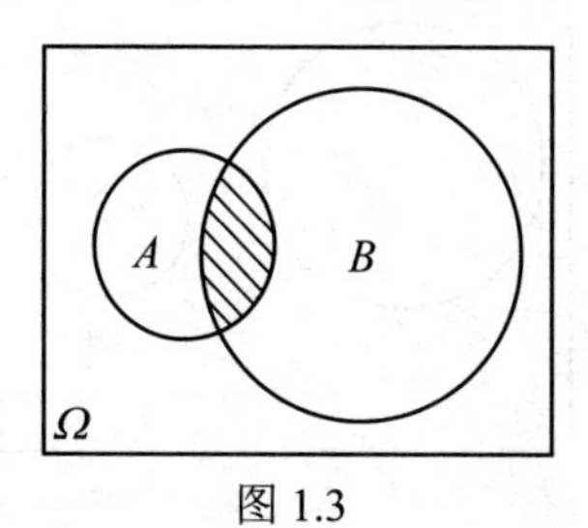

图 1.3

例如，在掷骰子试验中，若设事件 $A=\{2,3,4\}$，事件 $B=\{1,2\}$，则积事件为 $A\cap B=\{2\}$，表示{掷出的点数是 2 点}.

类似地，也可以将积事件推广到有限多个与可列无穷多个事件之积的情形：

（1）用 $A_1\cap A_2\cap\cdots\cap A_n$ 或 $\bigcap_{i=1}^{n}A_i$ 表示 $A_1,A_2,\cdots,A_n$ 同时发生的事件；

（2）用 $\bigcap_{i=1}^{+\infty}A_i$ 表示 $A_1,A_2,\cdots,A_n,\cdots$ 同时发生的事件.

4. 事件的差

“事件 A 发生而事件 B 不发生”，这样的事件称为事件 A 与 B 的差事件，记作

$$A-B.$$

$A-B$ 由所有属于 A 而不属于 B 的样本点组成，其几何意义如图 1.4 中的阴影部分所示，显然 $A-B=A\overline{B}$.

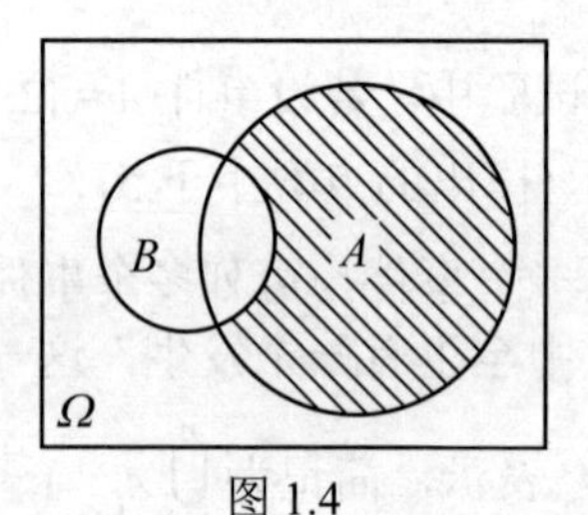

图 1.4

例如，在掷骰子试验中，若设事件 $A=\{2,3,4\}$，事件 $B=\{1,2\}$，则差事件

$$A-B=\{3,4\}.$$

5. 事件互不相容

“事件 A 与事件 B 不能同时发生”，也就是说，AB 是一个不可能事件，即

$$AB=\varnothing,$$

此时称事件 A 与 B 是互不相容的（或互斥的）.

A 与 B 互不相容等价于它们没有相同的样本点，即没有公共的样本点．若用集合表示事件，则 A 与 B 互不相容即为 A 与 B 是不相交的，如图 1.5 所示.

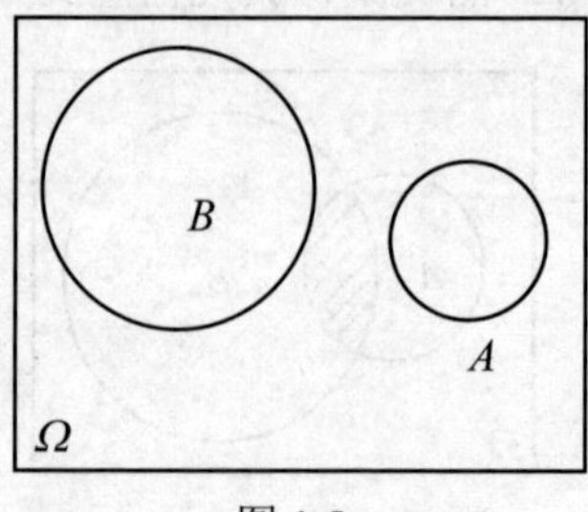

图 1.5

如果 n 个事件 $A_1, A_2, \cdots, A_n$ 中，任意两个事件都不可能同时发生，即

$$A_i \cap A_j = \varnothing, \quad i \neq j, \quad i, j = 1, 2, \cdots, n,$$

则称这 n 个事件 $A_1, A_2, \cdots, A_n$ 互不相容（或互斥）.

通常把两个互不相容的事件 A 与 B 的和（并）记作

$$A + B.$$

把 n 个两两互不相容的事件 $A_1, A_2, \cdots, A_n$ 的和（并）记作

$$A_1 + A_2 + \cdots + A_n \text{（简记为} \sum_{i=1}^{n} A_i \text{）}.$$

容易看出，在随机试验中，任意两个不同的基本事件都是互不相容的.

6. 对立事件（逆事件）

若 A 是一个事件，令 $\overline{A} = \Omega - A$，称 $\overline{A}$ 是 A 的对立事件，或称为事件 A 的逆事件.

也就是说，$\overline{A}$ 是由样本空间 Ω 中所有不属于 A 的样本点构成的. 如果把事件 A 看作集合，那么 $\overline{A}$ 就是 A 的补集. 图 1.6 中的阴影部分表示 $\overline{A}$.

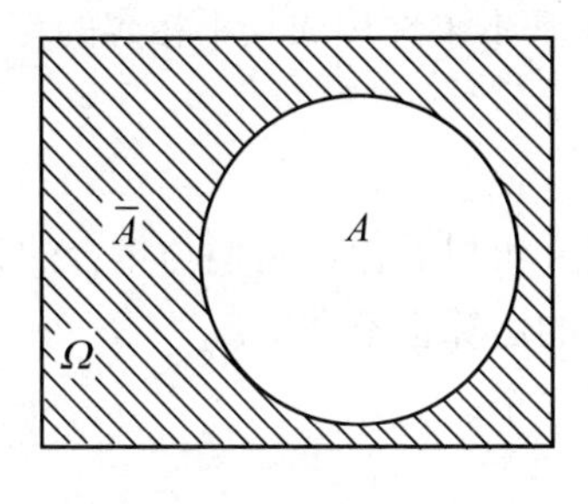

图 1.6

显然，在一次试验中，若 A 发生，则 $\overline{A}$ 必不发生，反之亦然；A 与 $\overline{A}$ 中必然有一个发生，且仅有一个发生，即事件 A 与 $\overline{A}$ 满足关系：

$$A \cap \overline{A} = \varnothing, \quad A + \overline{A} = \Omega.$$

必然事件 Ω 与不可能事件 $\varnothing$ 是对立事件，同时又是互不相容事件.

注　若事件 A、B 互为对立事件，则事件 A、B 必互不相容；但是，若事件 A、B 互不相容，则事件 A、B 未必互为对立事件.

例如，在掷骰子试验中，若 $A = \{1, 2\}$，$B = \{3, 5\}$，则 A 与 B 互不相容. 但是，事件 B 不是 A 的对立事件，A 的对立事件 $\overline{A} = \{3, 4, 5, 6\}$.

7. 互不相容的完备事件组

将事件 A 与 $\overline{A}$ 的关系推广到 n 个事件的情形：如果 n 个事件 $A_1, A_2, \cdots, A_n$ 中至少有一个发生，且任意两个事件不可能同时发生，即

$$A_1 \cup A_2 \cup \cdots \cup A_n = \Omega ,$$

$$A_i \cap A_j = \varnothing , \quad i \neq j , \quad i, j = 1, 2, \cdots, n ,$$

则称这 n 个事件 $A_1, A_2, \cdots, A_n$ 构成一个互不相容的完备事件组，又称为样本空间 Ω 的一个划分，几何解释如图 1.7 所示.

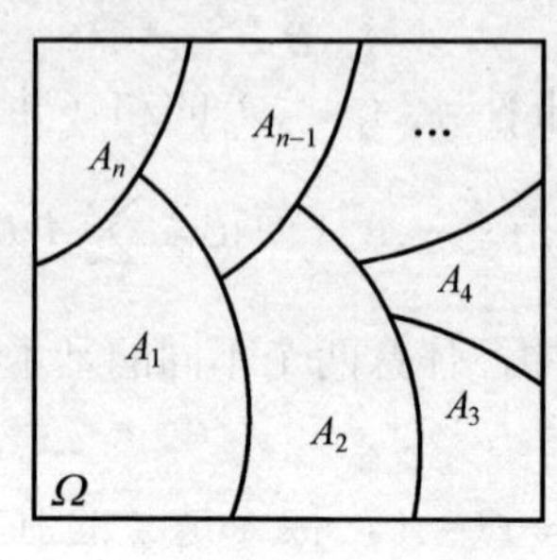

图 1.7

例如，在掷骰子试验中，事件 $A = \{1,2\}$ ， $B = \{3,5\}$ ， $C = \{4,6\}$ 构成一个互不相容的完备事件组.

注 样本空间 Ω 的所有基本事件构成互不相容的完备事件组.

1.1.5 事件运算法则

由事件关系与运算的定义可以看出，它们与集合的关系与运算是一致的. 因此，集合的运算性质对事件的运算也都适用.

事件的运算法则有以下 4 个.

（1）交换律：

$$A \cup B = B \cup A , \quad AB = BA . \tag{1.1}$$

（2）结合律：

$$A \cup B \cup C = (A \cup B) \cup C = A \cup (B \cup C) , \tag{1.2}$$

$$ABC = (AB)C = A(BC) . \tag{1.3}$$

（3）分配律：

$$(AB) \cup C = (A \cup C)(B \cup C) , \tag{1.4}$$

$$(A \cup B)C = (AC) \cup (BC) . \tag{1.5}$$

（4）德 · 摩根定律：

$$\overline{A \cup B} = \overline{A}\ \overline{B} , \quad \overline{AB} = \overline{A} \cup \overline{B} , \tag{1.6}$$

对于 n 个事件 $A_1, A_2, \cdots, A_n$ ，有

$$\overline{\bigcup_{i=1}^{n} A_i} = \bigcap_{i=1}^{n} \overline{A_i} , \quad \overline{\bigcap_{i=1}^{n} A_i} = \bigcup_{i=1}^{n} \overline{A_i} . \tag{1.7}$$

甲、乙、丙三人各射一次靶，记 $A=\{甲中靶\}$，$B=\{乙中靶\}$，$C=\{丙中靶\}$，则用上述三个事件的运算，下列各事件的表示如下：

序号	事件	表示
1	甲未中靶	$\overline{A}$
2	甲中靶而乙未中靶	$A\overline{B}$
3	三人中只有丙未中靶	$AB\overline{C}$
4	三人中恰好有一人中靶	$A\overline{B}\overline{C}\cup\overline{A}B\overline{C}\cup\overline{A}\overline{B}C$
5	三人中至少有一人中靶	$A\cup B\cup C$
6	三人中至少有一人未中靶	$\overline{A}\cup\overline{B}\cup\overline{C}$ 或 $\overline{ABC}$
7	三人中恰有两人中靶	$AB\overline{C}\cup A\overline{B}C\cup\overline{A}BC$
8	三人中至少两人中靶	$AB\cup AC\cup BC$
9	三人均未中靶	$\overline{A}\overline{B}\overline{C}$
10	三人中至多一人中靶	$A\overline{B}\overline{C}\cup\overline{A}B\overline{C}\cup\overline{A}\overline{B}C\cup\overline{A}\overline{B}\overline{C}$
11	三人中至多两人中靶	$\overline{ABC}$ 或 $\overline{A}\cup\overline{B}\cup\overline{C}$

注　事件 6 和事件 11 都是用不同方法表达同一事件，在解决具体问题时，往往要根据需要选择一种恰当的表示方法.

习题 1.1

1．设 A、B、C 是三个事件，试用 A、B、C 的运算关系表示下列各事件.

（1）B、C 都发生，而 A 不发生；

（2）A、B、C 中至少有一个发生；

（3）A、B、C 中恰有一个发生；

（4）A、B、C 中恰有两个发生；

（5）A、B、C 中不多于一个发生；

（6）A、B、C 中不多于两个发生.

2．设某人向靶子射击三次，用 A_i 表示第 i 次射击击中靶子（$i=1,2,3$），试用语言描述下列事件：

（1）$\overline{A_1}\cup\overline{A_2}\cup\overline{A_3}$；

（2）$\overline{A_1\cup A_2}$；

（3）$\left(A_1A_2\overline{A_3}\right)\cup\left(\overline{A_1}A_2A_3\right)$.

3．从一批产品中每次取出一件产品进行检验（每次取出的产品不放回），事件 A_i 表示第 i 次取到合格品（$i=1,2,3$）．试用事件的运算符号表示下列事件：

（1）三次都取到了合格品；

（2）三次中至少有一次取到了合格品；

（3）三次中恰有两次取到合格品；

（4）三次中最多有一次取到合格品．

§1.2　随机事件的概率

观察一项随机试验所发生的各个结果，就其一次具体的试验而言，每一事件出现与否都带有很大的偶然性，似乎没有规律可言．但是在大量的重复试验后，就会发现：某些事件发生的可能性大些，另外一些事件发生的可能性小些，而有些事件发生的可能性大致相同．例如，一个箱子中装有 100 件产品，其中 95 件是合格品，5 件是次品．从其中任意取出一件，则取到合格品的可能性就比取到次品的可能性大．假如这 100 件产品中的合格品与次品都是 50 件，则取到合格品与取到次品的可能性就应该相同．所以，一个事件发生的可能性大小是它本身所固有的一种客观的度量．自然人们希望用一个数来描述事件发生的可能性大小，而且事件发生的可能性大，这个数就大；事件发生的可能性小，这个数就小．

为此，首先引入“频率”的概念，它描述了在相同条件下重复多次试验，事件所发生的频繁程度，进而引出表征事件在一次试验中发生的可能性大小的数量指标——概率．

1.2.1　频率

定义 1　在相同的条件下，进行 n 次试验，在这 n 次试验中，事件 A 发生的次数 n_A 称为事件 A 发生的**频数**；比值 $\frac{n_A}{n}$ 称为事件 A 发生的**频率**，并记为 $f_n(A)$，即 $f_n(A)=\frac{n_A}{n}$．

显然，频率具有下列性质．

性质 1　非负性：$0\leqslant f_n(A)\leqslant 1$．

性质 2　规范性：$f_n(\Omega)=1$．

性质 3　可加性：若事件 A、B 互不相容，则

$$f_n(A\cup B)=f_n(A)+f_n(B).$$

例 1　在相同条件下，多次抛一枚质地均匀的硬币，观察“正面朝上”的次数．我们将一枚硬币抛掷 5 次、50 次、500 次，各做 10 遍，得到数据如下表．

实验序号	$n=5$		$n=50$		$n=500$	
	n_A	$f_n(A)$	n_A	$f_n(A)$	n_A	$f_n(A)$
1	2	0.4	22	0.44	250	0.5
2	3	0.6	25	0.50	249	0.498
3	1	0.2	21	0.42	256	0.512
4	5	1.0	25	0.50	253	0.506
5	1	0.2	24	0.48	251	0.502
6	2	0.4	21	0.42	246	0.492
7	4	0.8	18	0.36	244	0.488
8	2	0.4	24	0.48	258	0.516
9	2	0.4	27	0.54	262	0.524
10	3	0.6	31	0.62	247	0.494

这个试验在历史上曾经有多人做过，得到数据如下表．

实验者	投掷次数 n	出现正面次数 n_A（频数）	频率 $\frac{n_A}{n}$
德·摩根	2048	1061	0.5181
蒲丰	4040	2048	0.5069
K.皮尔逊	12000	6019	0.5016
	24000	12012	0.5005

由上述数据可见：频率有**随机波动性**，即对于同样的 n，所得的 $f_n(A)$ 不一定相同；抛硬币次数 n 较小时，频率 $f_n(A)$ 的随机波动幅度较大，但随着 n 的增大，频率 $f_n(A)$ 呈现出稳定性．即当 n 逐渐增大时，频率 $f_n(A)$ 总是在 0.5 附近摆动，且摆动幅度越来越小，且逐渐稳定于 0.5．

大量试验表明：虽然在 n 次试验中，事件 A 出现的次数 n_A 不确定，因而事件 A 的频率 $\frac{n_A}{n}$ 也不确定，但是当试验重复多次时，事件 A 出现的频率具有一定的稳定性．这就是说，当试验次数充分大时，事件 A 出现的频率在一个常数附近摆动．这种频率的稳定性，说明随机事件发生的可能性大小是事件本身固有的，用这个常数来表示事件 A 发生的可能性大小比较恰当．这是下面给出的概率的统计定义的客观基础．

1.2.2 概率的统计定义

定义 2 在试验条件不变的情况下，重复做 n 次试验，当试验次数 n 充分大时，事件 A 发生的频率 $\frac{n_A}{n}$ 稳定到某一常数 p，则称这个常数 p 为事件 A 在一次试验中发生的概率，记作 $P(A)$，即

$$P(A)=p .$$

数 $P(A)$ 是在一次试验中事件 A 发生的可能性大小的一种数量描述．我们称定义 2 是**概率的统计定义**．

1.2.3 概率的公理化定义

任何一个数学概念都是对现实世界的抽象，这种抽象使其具有广泛的实用性．概率的频率解释为概率的认识提供了经验基础，但不能作为一个严格的数学定义，从概率论的有关问题的研究算起，经过近三个世纪的漫长探索过程，人们才真正完整地解决了概率的严格定义．1933 年，苏联著名的数学家柯尔莫哥洛夫在他的《概率论基础概念》一书中给出了现在广为流传的概率公理化体系，第一次将概率论建立在严密的逻辑基础上．

定义 3 设 E 是随机试验，Ω 是它的样本空间，对于 E 的每一个事件 A 赋予一个实数，记为 $P(A)$，若 $P(A)$ 满足下列三个条件：

（1）非负性：对于任意事件 A，都有 $0\leqslant P(A)\leqslant 1$；

（2）完备性：$P(\Omega)=1$；

（3）可列可加性：对于**两两互不相容**的 n 个事件 $A_1,A_2,\dots,A_n$，有

$$P(\sum_{i=1}^{n}A_i)=\sum_{i=1}^{n}P(A_i) .$$

1.2.4 概率的性质

性质 4 对于任意事件 A，都有

$$0\leqslant P(A)\leqslant 1 . \tag{1.8}$$

性质 5 $P(\Omega)=1$，$P(\varnothing)=0$． （1.9）

性质 6（有限可加性）　对于两两互不相容的 n 个事件 $A_1,A_2,\cdots,A_n$，有

$$P(A_1+A_2+\cdots+A_n)=P(A_1)+P(A_2)+\cdots+P(A_n)\,. \tag{1.10}$$

特别地，对于互不相容事件 A 、B，有

$$P(A+B)=P(A)+P(B)\,. \tag{1.11}$$

性质 7（概率减法公式）　设 A 、B 为任意两个事件，则有

$$P(B-A)=P(B-AB)=P(B)-P(AB)\,. \tag{1.12}$$

特别地，若事件 $A\subset B$，则有

$$P(B-A)=P(B)-P(A)\,. \tag{1.13}$$

性质 8（对立事件的概率）　设 $\overline{A}$ 是随机事件 A 的对立事件，则有

$$P(\overline{A})=1-P(A)\,. \tag{1.14}$$

证　因为 $A\cup\overline{A}=\Omega$，且 $A\overline{A}=\varnothing$，由规范性和有限可加性得到

$$1=P(\Omega)=P(A+\overline{A})=P(A)+P(\overline{A})\,.$$

即得

$$P(\overline{A})=1-P(A)\,.$$

特别地，

$$\begin{aligned}P(A_1\cup A_2\cup\cdots\cup A_n)&=1-P(\overline{A_1\cup A_2\cup\cdots\cup A_n})\\&=1-P(\overline{A_1}\,\overline{A_2}\cdots\overline{A_n})\,.\end{aligned} \tag{1.15}$$

性质 9（一般加法公式）　对于任意的事件 A,B，有

$$P(A\cup B)=P(A)+P(B)-P(AB)\,. \tag{1.16}$$

推广　设 A_1,A_2,A_3 是三个随机事件，则有

$$\begin{aligned}P(A_1\cup A_2\cup A_3)=&\,P(A_1)+P(A_2)+P(A_3)-P(A_1A_2)-P(A_1A_3)\\&-P(A_2A_3)+P(A_1A_2A_3)\,,\end{aligned} \tag{1.17}$$

如图 1.8 所示.

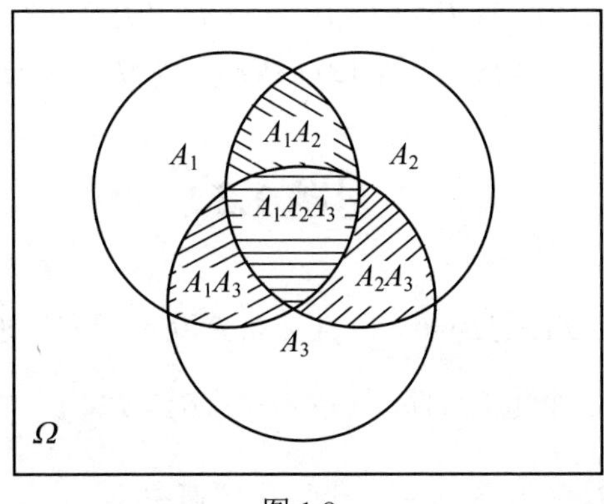

图 1.8

设$A_1, A_2, \cdots, A_n$是n个随机事件，则有

$$P(A_1 \cup A_2 \cup \cdots \cup A_n) = \sum_{i=1}^{n} P(A_i) - \sum_{1 \leqslant i < j \leqslant n} P(A_i A_j) + \sum_{1 \leqslant i < j < k \leqslant n} P(A_i A_j A_k) + \cdots + (-1)^{n-1} P(A_1 A_2 \cdots A_n). \tag{1.18}$$

例 2 已知$P(\overline{A}) = 0.5$，$P(\overline{A}B) = 0.2$，$P(B) = 0.4$，求：

（1）$P(AB)$；（2）$P(A-B)$；（3）$P(A \cup B)$；（4）$P(\overline{A}\overline{B})$.

解 （1）因为$AB + \overline{A}B = B$，且AB与$\overline{A}B$是不相容的，故有

$$P(AB) + P(\overline{A}B) = P(B),$$

于是

$$P(AB) = P(B) - P(\overline{A}B) = 0.4 - 0.2 = 0.2;$$

（2）$P(A) = 1 - P(\overline{A}) = 1 - 0.5 = 0.5$，

$$P(A-B) = P(A) - P(AB) = 0.5 - 0.2 = 0.3;$$

（3）$P(A \cup B) = P(A) + P(B) - P(AB) = 0.5 + 0.4 - 0.2 = 0.7$；

（4）$P(\overline{A}\overline{B}) = P(\overline{A \cup B}) = 1 - P(A \cup B) = 1 - 0.7 = 0.3$.

例 3 某乳业公司向一小区提供两种乳品：纯牛奶和酸奶. 经调查，小区内住户订纯牛奶的有45%，订酸奶的有35%，两种都订的有10%. 现从小区内任选一住户，求：

（1）此住户至少订一种奶品的概率；

（2）此住户只订一种奶品的概率.

解 设$A = \{$订纯牛奶$\}$，$B = \{$订酸奶$\}$，则$A \cup B = \{$至少订一种奶品$\}$.

（1）$P(A \cup B) = P(A) + P(B) - P(AB) = 0.45 + 0.35 - 0.1 = 0.7$；

（2）$A\overline{B} + \overline{A}B = \{$只订一种奶品$\}$.

方法 1 $P(A\overline{B} + \overline{A}B) = P(A \cup B) - P(AB) = 0.7 - 0.1 = 0.6$.

方法 2

$$\begin{aligned} P(A\overline{B} + \overline{A}B) &= P(A\overline{B}) + P(\overline{A}B) = P(A - AB) + P(B - AB) \\ &= P(A) - P(AB) + P(B) - P(AB) = 0.45 - 0.1 + 0.35 - 0.1 = 0.6. \end{aligned}$$

习题 1.2

1. 设$P(A)$=0.1，$P(A \cup B)$=0.3，且A与B互不相容，求$P(B)$.

2. 设A、B、C是三个随机事件，且$P(A) = P(B) = P(C) = \dfrac{1}{4}$，$P(AB) = P(CB) = 0$，$P(AC) = \dfrac{1}{8}$，求$A$、$B$、$C$中至少有一个发生的概率.

3．设 A、B 是两事件，且 $P(A)=0.6$，$P(B)=0.7$，则

（1）在什么条件下 $P(AB)$ 取到最大值，最大值是多少？

（2）在什么条件下 $P(AB)$ 取到最小值，最小值是多少？

§ 1.3　古典概率

在古代，人们利用研究对象的物理或几何性质所具有的对称性确定了计算概率的一种方法.

例如，在抛掷硬币试验中，令 ω_1 表示“出现正面”，ω_2 表示“出现反面”，则样本空间 Ω 中两个基本事件 $\{\omega_1\}$ 和 $\{\omega_2\}$ 发生的可能性是相等的，因而

$$P(\omega_1)=P(\omega_2)=\frac{1}{2}.$$

即“出现正面”和“出现反面”的概率各占一半.

下面给出古典概型的定义及其概率计算公式.

1.3.1　古典概型

定义 1　如果随机试验 E 满足下述条件：

（1）有限性：试验所含的基本事件个数是有限个，即样本空间的样本点只有有限个；

（2）等可能性：每个基本事件发生的可能性是相同的.

那么称这个试验为**古典概型**，又称为**等可能概型**.

定理　在古典概型中，任一随机事件 A 所包含的基本事件数 m 与样本空间 Ω 所包含的基本事件总数 n 的比值，称为随机事件 A 的概率，即

$$P(A)=\frac{\text{事件}A\text{包含的基本事件数}}{\Omega\text{包含的基本事件总数}}=\frac{m}{n}. \tag{1.19}$$

式（1.19）就是古典概型中事件 A 的概率计算公式.

注　计算古典概型概率时，首先要判断“有限性”和“等可能性”是否满足.“有限性”较容易看出，“等可能性”需要根据实际问题来判定. 其次要弄清楚样本空间是怎样构成的，从而求出基本事件的总数 n，同时求出所讨论事件 A 包含的基本事件数 m，然后利用古典概率计算公式求得 $P(A)$.

例 1　设盒中有 3 个白球和 2 个红球，现从盒中任意抽取 2 个球，求抽取到 1 个红球和 1 个白球的概率.

解　设 $A=\{\text{取到 1 红 1 白}\}$.

从盒中任抽 2 个球共有 C_5^2 种不同抽法，即试验所含的基本事件总数是 C_5^2 个，事件 A 包含的基本事件数是 $C_3^1C_2^1$ 个，所以

$$P(A)=\frac{C_3^1C_2^1}{C_5^2}=\frac{3}{5}=0.6 .$$

即取到 1 红 1 白的概率为 0.6 .

一般地，设盒中有 N 个球，其中有 M 个白球，现从中任取 n （$n \leqslant N$）个球（不放回），则这 n 个球中恰有 m （$m \leqslant M$）个白球的概率是

$$p=\frac{C_M^m C_{N-M}^{n-m}}{C_N^n} .$$

例 2 已知 10 件产品中有 7 件正品，3 件次品.

（1）不放回地每次从中任取 1 件，共取 3 次，求取到 3 件次品的概率；

（2）每次从中任取 1 件，有放回地取 3 次，求取到 3 件次品的概率；

（3）从中任取 3 件，求至少取到 1 件次品的概率.

解 （1）设 $A=\{$取到 3 件次品$\}$.

由于此试验是不放回地抽取 3 次，所以 3 次取产品分别是从 10 件、9 件、8 件中任取一件，共有 $10\times 9\times 8=720$ 种不同的取法，而 3 次取到 3 件次品共有 $3\times 2\times 1=6$ 种不同取法，所以

$$P(A)=\frac{6}{720}=\frac{1}{120}\approx 0.008\,3 .$$

（2）设 $B=\{$取到 3 件次品$\}$.

由于此试验是有放回地抽取 3 次，所以 3 次取产品分别都是从 10 件中任取 1 件，共有 $10\times 10\times 10=1\,000$ 种不同取法，而 3 次取到 3 件次品共有 $3\times 3\times 3=27$ 种不同取法，于是

$$P(B)=\frac{27}{1\,000}=0.027 .$$

（3）设 $C=\{$至少取到 1 件次品$\}$，则 $\overline{C}=\{$取到 3 件正品$\}$.

样本空间中样本点的个数为 C_{10}^3，事件 $\overline{C}$ 包含的样本点个数为 C_7^3，于是

$$P(C)=1-P(\overline{C})=1-\frac{C_7^3}{C_{10}^3}=\frac{17}{24}\approx 0.708 .$$

例 3 将 3 个球随机地放入 3 个盒子中，问：

（1）每盒恰有 1 个球的概率？

（2）空 1 个盒的概率？

解 设 $A=\{$每盒恰有 1 个球$\}$，$B=\{$空 1 个盒$\}$.

3 个球随机地放入 3 个盒子中共有3^3种不同的放法，即试验所含的基本事件总数是3^3个.

（1）事件A包含的基本事件个数是$3!$个，所以

$$P(A)=\frac{3!}{3^3}=\frac{2}{9}.$$

（2）**方法 1**

$$P(B)=\frac{C_3^1C_2^1C_3^2}{3^3}=\frac{2}{3}.$$

分析　$B=\{$空 1 个盒$\}$等价于 3 个盒子中有 1 个空的，剩下 2 个盒子，其中 1 个盒子放入 2 个球，剩下 1 个球放入第 3 个盒子.

方法 2　$P(B)=1-P\{\text{空2个盒}\}-P\{\text{全有球}\}=1-\frac{3}{3^3}-\frac{2}{9}=\frac{2}{3}.$

例 4（抽签的公平性）　盒中有a个红球和b个白球，把球随机地一只只取出（不放回），求事件A“第k（$0<k\leqslant a+b$）次取到红球”的概率.

解　**方法 1**　把$(a+b)$个球编上 1～$(a+b)$号，将球一只只取出后排成一排，考虑到取球的先后顺序，因此共有$(a+b)!$种取法，由球的均匀性知每种取法的机会都相同，故属于古典概型，A发生可以先考虑a个红球中任取一个放在第k个位置上，然后将剩下的$(a+b-1)$个球随意排在另外$(a+b-1)$个位置上，共有$C_a^1(a+b-1)!$种排法，故

$$P(A)=\frac{C_a^1(a+b-1)!}{(a+b)!}=\frac{a}{a+b}.$$

方法 2　只考虑第k次取球，每个球仍然编有不同的号码，由于每个球都有相同的机会被放在第k个位置上，$(a+b)$个不同的球，总共有$(a+b)$种放法，按古典概型，A发生必须是a个红球中的一个放在第k个位置上，即A发生的放法有a种，故

$$P(A)=\frac{a}{a+b}.$$

此问题有多种不同的考虑方式，当然结果都相同，第k次取到红球的概率与k无关.

此例说明**传统的抽签的结果与先后顺序无关**.

1.3.2　几何概型

在概率论的发展初期，人们就认识到，仅假定样本空间为有限样本空间是不够的，有时需要处理有无穷多个样本点的情形．我们先看下面两个例子.

（1）在区间[0,1]上随机地任意产生一个数x，求x不大于$\frac{1}{3}$的概率.

（2）随机地在单位圆域内任掷一点M，求点M到原点距离不大于$\frac{1}{2}$的概率.

以上两个例子都具有“等可能性”的特征. 在（1）中，我们认为“随机数x在区间[0,1]上任何一处出现的机会均等”，只要x落入区间$\left[0,\frac{1}{3}\right]$内，对应的事件就会发生，概率应该为区间$\left[0,\frac{1}{3}\right]$长度与区间[0,1]长度之比，即概率应该等于$\frac{1}{3}$；在（2）中，我们可认为“单位圆域内每一点被掷到的机会均等”，只要点M落入以原点为圆心，以$\frac{1}{2}$为半径的小圆内对应的事件就会发生，其概率应该为小圆面积与大圆面积之比$\frac{\pi\times\left(\frac{1}{2}\right)^2}{\pi\times1^2}$，即概率为$\frac{1}{4}$.

描述这样一些随机试验的样本空间Ω，都是一个区间或区域，其样本点在区域Ω内具有“等可能分布”的特点. 设区域$A\subset\Omega$，如果样本点落入A中，我们就说事件A发生了. 这样可作以下定义.

定义 2 设样本空间Ω为一个有限区域，以$\mu(\Omega)$表示Ω的度量（一维为长度，二维为面积，三维为体积等）. $A\subset\Omega$是Ω中一个可以度量的子集，$\mu(A)$表示A的度量，定义

$$P(A)=\frac{\mu(A)}{\mu(\Omega)} \tag{1.20}$$

为事件A发生的概率，称其为**几何概率**.

例 5 某公共汽车站从早晨 6 时起，每隔 15 分钟来一趟车，一乘客在 6:00—6:30 随机到达该车站，求：

（1）该乘客等候时间不超过 5 分钟乘上车的概率；

（2）该乘客等候时间超过 10 分钟才乘上车的概率.

解 用t表示该乘客的到达时间，且记问题（1）（2）涉及事件为A、B，则

$\Omega=\{t\mid 6:00<t<6:30\}$，

$A=\{t\mid 6:10<t<6:15\}\cup\{t\mid 6:25<t<6:30\}$，

$B=\{t\mid 6:00<t<6:05\}\cup\{t\mid 6:15<t<6:20\}$.

将t的单位记为分钟，则有$\mu(\Omega)=30$，$\mu(A)=10$，$\mu(B)=10$，因此

$$P(A)=P(B)=\frac{1}{3}.$$

习题 1.3

1. 在 1～100 共 100 个数中任取一个数，求这个数能被 2、3 或 5 整除的概率.

2. 从装有 3 个红球、2 个白球的盒子中任意取出两球，求其中有并且只有一个红球的概率.

3. 把 10 本书任意放在书架上，求其中指定的 3 本书放在一起的概率.

4. 为了减少比赛场次，把 20 个球队任意分成两组，每组 10 队进行比赛，求最强的两个队被分在不同组内的概率.

5. 甲乙两人相约在 7 点到 8 点之间在某地会面，先到者等候另一人 20 分钟，过时就离开. 如果每个人可在指定的一小时内任意时刻到达，试求二人能够见面的概率.

§ 1.4　条件概率

在自然界及人类的活动中，存在着许多互相联系、互相影响的事件. 除了要分析随机事件 A 发生的概率 $P(A)$ 外，有时我们还要提出附加的限制条件，也就是要分析“在事件 B 已经发生的前提下事件 A 发生的概率”，记为 $P(A|B)$. 这就是条件概率问题.

1.4.1　条件概率与乘法公式

引例　某班有 30 名学生，其中 20 名男生，10 名女生；这 30 名学生中身高在 1.70 米以上的有 15 名，其中男生 12 名、女生 3 名.

（1）任选一名学生，问该学生的身高在 1.70 米以上的概率；

（2）任选一名学生，选出来后发现是一位男生，问该同学的身高在 1.70 米以上的概率.

分析　设 $A=\{$任选一名学生，该学生身高在 1.70 米以上$\}$，

$B=\{$任选一名学生，该学生是男生$\}$.

可以看到，第一个问题求的是 $P(A)$，而第二个问题，是在“已知事件 B 发生”的附加条件下，求 A 发生的概率，所求记为 $P(A|B)$. 于是有

$$P(A)=\frac{15}{30}=0.5\text{ ，}\quad P(A|B)=\frac{12}{20}=0.6\text{ .}$$

并且容易看出 $P(B)=\dfrac{20}{30}$，$P(AB)=\dfrac{12}{30}$，

从而
$$P(A|B)=\frac{12}{20}=\frac{12/30}{20/30}=\frac{P(AB)}{P(B)}.$$

由此可以给出条件概率的一般定义.

定义 设 A、B 是两个随机事件，且 $P(B)>0$，称

$$P(A|B)=\frac{P(AB)}{P(B)} \tag{1.21}$$

为在已知事件 B 发生的条件下，事件 A 发生的条件概率.

同理，当 $P(A)>0$ 时，也可类似地定义已知事件 A 发生的条件下，事件 B 发生的条件概率，即

$$P(B|A)=\frac{P(AB)}{P(A)}.$$

可知，对任意两个事件 A、B，有

$$P(AB)=P(B)P(A|B),\quad P(B)>0. \tag{1.22}$$

$$P(AB)=P(A)P(B|A),\quad P(A)>0. \tag{1.23}$$

称以上两式为**概率的乘法公式**.

概率的乘法公式可以推广到有限多个事件积的情形：若 $P\left(\bigcap\limits_{i=1}^{n-1}A_i\right)>0$, 则

$$P(A_1A_2A_3)=P(A_1)P(A_2|A_1)P(A_3|A_1A_2), \tag{1.24}$$

$$P(A_1A_2A_3\cdots A_n)=P(A_1)P(A_2|A_1)P(A_3|A_1A_2)\cdots P(A_n|A_1A_2\cdots A_{n-1}). \tag{1.25}$$

例 1 同时抛掷两枚硬币，已知其中有一枚硬币是正面向上，问这时另一枚硬币也是正面向上的概率为多大?

解 由题意知样本空间为

Ω = {(正，正)，(正，反)，(反，正)，(反，反)}，

A = {有一枚正面向上}={(正，正)，(正，反)，(反，正)}，

B = {两个都是正面}={(正，正)}.

于是所求概率为

$$P(B|A)=\frac{P(AB)}{P(A)}=\frac{1/4}{3/4}=\frac{1}{3}.$$

也可以把 A 理解为一个缩减的样本空间，B 为此样本空间中的一个事件，显然，$P(B)=\dfrac{1}{3}$.

例 2 为了防止意外，在矿内同时设有甲、乙两种报警系统，每种系统单独

使用时，其有效的概率：系统甲为 0.92，系统乙为 0.93．甲乙两系统同时使用时都有效的概率为 0.862，求：

（1）这两个报警系统至少有一个有效的概率；

（2）系统乙有效的条件下，系统甲也有效的概率；

（3）系统甲有效的条件下，系统乙也有效的概率．

解 设 $A=\{$系统甲有效$\}$，$B=\{$系统乙有效$\}$．则

$$P(A)=0.92, \quad P(B)=0.93, \quad P(AB)=0.862 .$$

（1）这两个报警系统至少有一个有效的概率为

$$P(A\cup B)=P(A)+P(B)-P(AB)=0.92+0.93-0.862=0.988 ;$$

（2）系统乙有效的条件下，系统甲也有效的概率为

$$P(A\mid B)=\frac{P(AB)}{P(B)}=\frac{0.862}{0.93}=0.927 ;$$

（3）系统甲有效的条件下，系统乙也有效的概率为

$$P(B\mid A)=\frac{P(AB)}{P(A)}=\frac{0.862}{0.92}=0.937 .$$

例 3 一批零件共 100 个，次品率为 10%，每次从其中任取一个零件，取出的零件不放回，求第三次才取得合格品的概率．

解 设事件 A_i 表示“第 i 次取得合格品”，$i=1,2,3$．所求事件第三次才取得合格品为 $\overline{A}_1\overline{A}_2A_3$，则

$$\begin{aligned} P(\overline{A}_1\overline{A}_2A_3) &= P(\overline{A}_1)P(\overline{A}_2\,|\,\overline{A}_1)P(A_3\,|\,\overline{A}_1\,\overline{A}_2) \\ &= \frac{10}{100}\times\frac{9}{99}\times\frac{90}{98}\approx 0.008\,3. \end{aligned}$$

1.4.2 全概率公式和贝叶斯公式

为了计算比较复杂的事件的概率，人们经常把复杂事件分解为若干个互不相容的简单事件之和，通过分别计算这些简单事件的概率，再应用概率的加法公式与乘法公式求得所需结果．

定理 1（全概率公式） 设 Ω 为一样本空间，$A_1,A_2,\cdots,A_n$ 为样本空间 Ω 的一个划分，即

$$A_iA_j=\varnothing\,(i\neq j); \quad A_1+A_2+\cdots+A_n=\Omega .$$

且 $P(A_i)>0$（$i=1,2,\cdots,n$），则对任一事件 B，有

$$P(B)=\sum_{i=1}^{n}P(A_i)P(B\,|\,A_i) . \tag{1.26}$$

证

$$B = B\cap\Omega = B\cap(A_1 + A_2 + \cdots + A_n)$$
$$= BA_1 + BA_2 + \cdots + BA_n$$

由于$BA_1, BA_2, \cdots, BA_n$两两互斥，因此有

$$P(B) = P(BA_1 + BA_2 + \cdots + BA_n)$$
$$= \sum_{i=1}^{n} P(BA_i) = \sum_{i=1}^{n} P(A_i)P(B \mid A_i)$$

例 4 设有来自 3 个地区的各 10 名、15 名和 25 名考生的报名表．其中女生的报名表分别为 3 份、7 份和 5 份．随机取出 1 个地区的报名表，从中任抽 1 份，求取出的是女生的报名表的概率．

解 设$B = \{$取出的是女生的报名表$\}$，$A_i = \{$取出的是第i个地区的报名表$\}$（$i = 1,2,3$），则

$$P(A_i) = \frac{1}{3} \text{（} i = 1,2,3 \text{）}.$$

$$P(B|A_1) = \frac{3}{10}，\ P(B|A_2) = \frac{7}{15}，\ P(B|A_3) = \frac{5}{25}.$$

$$P(B) = P(A_1)P(B \mid A_1) + P(A_2)P(B \mid A_2) + P(A_3)P(B \mid A_3)$$
$$= \frac{1}{3} \times \left(\frac{3}{10} + \frac{7}{15} + \frac{5}{25}\right) = \frac{29}{90} \approx 0.32.$$

例 5 某种仪器由 3 个部件组装而成．假设各部件质量互不影响且它们的优质品率分别为 0.8、0.7 与 0.9．已知如果 3 个部件都是优质品，则组装后的仪器一定合格；如果有 1 个部件不是优质品，则组装后的仪器合格率为 0.8；如果有 2 个部件不是优质品，则组装后的仪器合格率为 0.4；如果 3 个部件都不是优质品，则组装后的仪器合格率为 0.1．试求仪器的合格率．

解 设$A_i = \{$恰有i个部件是优质品$\}$（$i = 0,1,2,3$），$C_j = \{$第j个部件是优质品$\}$（$j = 1,2,3$），$B = \{$仪器合格$\}$．则

$$A_0 = \overline{C}_1\overline{C}_2\overline{C}_3，\ A_1 = C_1\overline{C}_2\overline{C}_3 + \overline{C}_1C_2\overline{C}_3 + \overline{C}_1\overline{C}_2C_3，$$

$$A_2 = C_1C_2\overline{C}_3 + C_1\overline{C}_2C_3 + \overline{C}_1C_2C_3，\ A_3 = C_1C_2C_3.$$

$$P(C_1) = 0.8，\ P(C_2) = 0.7，\ P(C_3) = 0.9.$$

计算得

$$P(A_0) = 0.006，\ P(A_1) = 0.092，\ P(A_2) = 0.398，\ P(A_3) = 0.504.$$

$$P(B) = P(A_0)P(B \mid A_0) + P(A_1)P(B \mid A_1) + P(A_2)P(B \mid A_2) + P(A_3)P(B \mid A_3)$$
$$= 0.006 \times 0.1 + 0.092 \times 0.4 + 0.398 \times 0.8 + 0.504 \times 1 = 0.859\,8.$$

全概率公式给出了我们一个计算受到多个影响关系的事件概率的公式：假设 $A_1, A_2, \cdots, A_n$ 是 Ω 的一个划分，并且已知事件 A_i 的概率 $P(A_i)$（它们是试验前的已知概率，称为先验概率）及事件 B 在 A_i 已发生的条件下的条件概率 $P(B|A_i)$（$i=1,2,\cdots,n$），则由全概率公式就可算出 $P(B)$．现在的问题是：我们进行了一次试验，如果事件 B 确实发生了，则对于事件 A_i（$i=1,2,\cdots,n$）的概率应给予重新估计，也就是要计算事件 A_i 在事件 B 已发生的条件下的条件概率 $P(A_i|B)$（它们是试验后的事件概率，常称为后验概率）．下面的贝叶斯公式就给出了计算后验概率 $P(A_i|B)$ 的公式．

定理 2（贝叶斯（Bayes）公式）　设事件 $A_1, A_2, \cdots, A_n$ 为样本空间 Ω 的一个划分，且 $P(B)>0$，$P(A_i)>0$（$i=1,2,\cdots,n$），则

$$P(A_i|B)=\frac{P(A_iB)}{P(B)}=\frac{P(A_i)P(B|A_i)}{P(B)}$$

$$=\frac{P(A_i)P(B|A_i)}{\sum_{i=1}^{n}P(A_i)P(B|A_i)}. \tag{1.27}$$

称式（1.27）为贝叶斯公式，也称为逆概率公式．

例 6　试卷中有一道选择题，共有 4 个答案可供选择，其中只有 1 个答案是正确的．考生如果会解这道题，则一定能选出正确答案；如果他不会解这道题，则任选 1 个答案．设考生会解这道题的概率是 0.8，求：

（1）考生选出正确答案的概率；

（2）已知该考生所选答案是正确的，则他确实会解这道题的概率．

解　设 $B=\{$考生选出正确答案$\}$，$A=\{$考生会解这道题$\}$．

（1）$P(B)=P(A)P(B|A)+P(\bar{A})P(B|\bar{A})=0.8\times1+0.2\times0.25=0.85$．

（2）$P(A|B)=\dfrac{P(AB)}{P(B)}=\dfrac{P(A)P(B|A)}{P(B)}=\dfrac{0.8\times1}{0.85}\approx0.941$．

例 7　某工厂有 4 条流水线生产同一种产品，该 4 条流水线分别占总产量的 15%、20%、30%和 35%，又知这 4 条流水线的不合格率依次为 0.05、0.04、0.03 和 0.02．现在从出厂产品中任取一件，问恰好抽到不合格品的概率为多少？若该厂规定，出了不合格品要追究有关流水线的经济责任，现在在出厂产品中任取一件，结果为不合格品，但标志已脱落．问第四条流水线应承担多大责任？

解　令 $B=\{$任取一件，恰好抽到不合格品$\}$，

$A_i=\{$任取一件，恰好抽到第 i 条流水线的产品$\}$（$i=1,2,\cdots,n$）．

由全概率公式可得

$$\begin{aligned}P(B) &= \sum_{i=1}^{4} P(A_i)P(B \mid A_i) \\ &= 0.15\times0.05+0.20\times0.04+0.30\times0.03+0.35\times0.02 \\ &= 0.0315 = 3.15\%,\end{aligned}$$

$$P(A_4 \mid B) = \frac{P(A_4)P(B \mid A_4)}{P(B)} = \frac{0.35\times0.02}{0.0315} = \frac{14}{63} \approx 0.22 .$$

即第四条流水线应承担22%的责任.

习题 1.4

1．设10件产品中有4件不合格品，从中任取两件．已知两件中有一件是不合格品，则另一件也是不合格品的概率．

2．猎人在距离动物100m处射击，击中的概率为0.6；如果第一次未击中，则进行第二次射击，但由于动物逃跑而使距离便成为150m；如果第二次又未击中，则进行第三次射击，这时距离变为200m．假定最多进行三次射击，设击中的概率与距离成反比，求猎人击中动物的概率．

3．设某种动物由出生算起活到20岁以上的概率为0.8，活到25岁以上的概率为0.4．如果一只动物现在已经活到20岁，问它能活到25岁以上的概率．

4．假定在某时期内影响股票价格变化的因素只有银行存款利率的变化．经分析，该时期内利率不会上涨，利率下调的概率为60%，利率不变的概率为40%．根据经验，在利率下调时某只股票上涨的概率为80%，在利率不变时，这只股票上涨的概率为40%．求这只股票上涨的概率．

5．盒中放有12个乒乓球，其中9个是新的．第一次比赛时从中任取3个来用，赛后放回，第二次比赛时再从中任取3个．求第二次比赛时取出的球都是新球的概率．

§1.5 事件的独立性

引例 一袋中装有10只产品，其中3只是次品，其余为合格品．从中任取两次，每次取一只．设 $A=\{第一次取到次品\}$，$B=\{第二次取到次品\}$，求 $P(B|A)$ 及 $P(B)$．

分析 （1）若是不放回抽样，由题意易知

$$P(B|A)=\frac{2}{9}.$$

$$P(B)=P(A)P(B|A)+P(\overline{A})P(B|\overline{A})=\frac{3}{10}\times\frac{2}{9}+\frac{7}{10}\times\frac{3}{9}=\frac{3}{10}.$$

可见 $P(B|A)\neq P(B)$.

这说明事件 A 的发生与否对事件 B 发生的概率是有影响的.

（2）若是有放回抽样，由题意得到 $P(B|A)=\frac{3}{10}$，$P(B)=\frac{3}{10}$. 可见 $P(B|A)=P(B)$.

这说明事件 A 的发生不影响事件 B 发生的概率，这时称事件 A 与 B 是相互独立的.

由概率乘法公式知，如果 $P(B|A)=P(B)$，则

$$P(AB)=P(A)P(B|A)=P(A)P(B).$$

定义 1　对任意的两个事件 A 和 B，若

$$P(AB)=P(A)P(B)$$

则称事件 A、B **相互独立**.

定理 1　若事件 A 与 B 相互独立，且 $P(A)>0$，$P(B)>0$，则

$$P(A|B)=P(A),\quad P(B|A)=P(B).$$

定理 2　若事件 A 与 B 相互独立，则下列各对事件：A 与 $\overline{B}$，$\overline{A}$ 与 B，$\overline{A}$ 与 $\overline{B}$ 都是相互独立的.

证　由于 A 与 B 相互独立，故 $P(AB)=P(A)P(B)$. 因此有

$$\begin{aligned}P(A\overline{B})&=P(A)-P(AB)=P(A)-P(A)P(B)\\&=P(A)[1-P(B)]=P(A)P(\overline{B}).\end{aligned}$$

因此，A 与 $\overline{B}$ 相互独立. 关于 $\overline{A}$ 与 B 和 $\overline{A}$ 与 $\overline{B}$ 的独立性同理可证.

注　定理 1 还可叙述为：若 4 对事件 A 与 B，A 与 $\overline{B}$，$\overline{A}$ 与 B，$\overline{A}$ 与 $\overline{B}$ 中有 1 对相互独立，则另外 3 对也相互独立，即这 4 对事件或者都相互独立，或者都不相互独立.

例 1　甲乙两射手独立地射击同一个目标，他们击中目标的概率分别为 0.9 和 0.8，求每人射击一次后，目标被击中的概率.

解：设 $A=\{甲击中目标\}$，$B=\{乙击中目标\}$，则 $P(A)=0.9$，$P(B)=0.8$，

由概率的一般加法公式和事件的独立性得

$$\begin{aligned}P(A\cup B)&=P(A)+P(B)-P(AB)\\&=P(A)+P(B)-P(A)P(B)\\&=0.8+0.9-0.8\times0.9=0.98.\end{aligned}$$

或者，由于$\overline{A\cup B}=\overline{A}\,\overline{B}$，且$A$与$B$相互独立，得$\overline{A}$与$\overline{B}$相互独立，也有

$$P(A\cup B)=1-P(\overline{A\cup B})=1-P(\overline{A}\,\overline{B})=1-P(\overline{A})P(\overline{B})$$
$$=1-(1-0.8)(1-0.9)=0.98.$$

事件的独立性概念，可以推广到 3 个和 3 个以上的事件的情形.

定义 2 对任意 3 个事件A、B、C，如果

$$P(AB)=P(A)P(B),$$
$$P(BC)=P(B)P(C),$$
$$P(CA)=P(C)P(A),$$
$$P(ABC)=P(A)P(B)P(C)$$

同时成立，则称事件A、B、C**相互独立**.

定义 3 若n个事件$A_1,A_2,\cdots,A_n$，对于任意的k（$1<k\leqslant n$）和任意的一组$1\leqslant i_1<i_2<\cdots<i_k\leqslant n$，都有等式

$$P(A_{i_1}A_{i_2}\cdots A_{i_k})=P(A_{i_1})P(A_{i_2})\cdots P(A_{i_k})$$

成立，则称事件$A_1,A_2,\cdots,A_n$**相互独立**.

注 （1）如果事件$A_1,A_2,\cdots,A_n$相互独立，则其中任意k个事件也相互独立（$1<k\leqslant n$）.

（2）如果事件$A_1,A_2,\cdots,A_n$相互独立，则

$$P\left(\bigcap_{i=1}^{n}A_i\right)=\prod_{i=1}^{n}P(A_i)，\quad P\left(\bigcup_{i=1}^{n}A_i\right)=1-\prod_{i=1}^{n}P(\overline{A_i}). \tag{1.28}$$

在实际应用中，对于事件的独立性，常常不是根据定义来判断，而是根据一事件的发生是否影响另一事件的发生来判断.

例 2 假若每个人的血清中含有某病毒的概率为 0.004，混合 100 个人的血清，求此血清中含有此病毒的概率.

解 设$A_i=\{$第i个人的血清中含有此病毒$\}$（$i=1,2,\cdots,100$），则

$$P(A_i)=0.004，\quad P(\overline{A_i})=0.996\ （i=1,2,\cdots,100）.$$

可以认为$A_1,A_2,\cdots,A_{100}$是相互独立的，于是

$$P\left(\bigcup_{i=1}^{100}A_i\right)=1-P\left(\bigcap_{i=1}^{100}\overline{A_i}\right)=1\quad\prod_{i=1}^{100}P(\overline{A_i})=1-0.996^{100}\approx 0.33.$$

习题 1.5

1. 某人有一串m把外形相同的钥匙，其中只有一把能打开家门. 有一天该人酒醉后回家，下意识地每次从m把钥匙中随便拿一把去开门，问该人在第k次

才把门打开的概率.

2．甲、乙两射手在相同条件下进行射击，他们击中目标的概率分别是 0.8 和 0.7．如果两个射手同时独立各射击一次，问

（1）目标被击中的概率；

（2）若已知目标被命中，则它是被甲命中的概率是多少？

3．加工某一零件共需 4 道工序，设第一、二、三、四道工序出次品的概率分别为 0.02、0.03、0.05、0.04，且各道工序互不影响，求加工出的零件的次品率.

§ 1.6　独立试验序列

假设试验 E 只有两种可能的结果：A 及 $\overline{A}$，在相同的条件下将试验 E 重复进行 n 次，若各次试验的结果互不影响，则称这 n 次试验是 **n 重独立试验序列**（也称为**伯努利概型**）.

对于 n 重独立试验序列，我们主要研究 n 次试验中，事件 A 发生 m 次的概率：$P_n(m)$.

定理　如果在独立试验序列中，每次试验只有两种可能的结果：A 及 $\overline{A}$，并且

$$P(A)=p\text{，}\quad P(\overline{A})=1-p=q\text{，}\quad 0<p<1\text{，}$$

则在 n 次试验中事件 A 发生 m 次的概率为

$$P_n(m)=\mathrm{C}_n^m p^m q^{n-m}=\frac{n!}{m!(n-m)!}p^m q^{n-m}\text{，}\quad 0\leqslant m\leqslant n\,. \qquad (1.29)$$

例 1　某射手每次击中目标的概率为 0.8，现在进行 20 次独立射击．求：

（1）恰有 15 次击中目标的概率；

（2）击中目标的次数不超过 18 次的概率.

解　（1）20 次独立射击中恰有 15 次击中目标的概率是

$$P_{20}(15)=\mathrm{C}_{20}^{15}\times 0.8^{15}\times 0.2^{5}\approx 0.175\text{；}$$

（2）击中目标的次数不超过 18 次的概率

$$\begin{aligned}P(m\leqslant 18)&=1-P_{20}(19)-P_{20}(20)\\&=1-\mathrm{C}_{20}^{19}\times 0.8^{19}\times 0.2^{1}-0.8^{20}\approx 0.93.\end{aligned}$$

例 2　某种疾病的自然痊愈率为 0.1．为了检验一种治疗该病的新药是否有效，将它给患该病的 10 位志愿者服用，按约定：如果 10 名受试者中至少有 3 人痊愈就认为该药有效，否则认为完全无效．按此约定，求新药实际上完全无效但被确定为有效的概率.

解 设 $A=\{$新药完全无效但被确定为有效$\}$.

若新药完全无效，则痊愈者均为自然痊愈，于是

$$P(A)=P(m\geqslant 3)=1-P_{10}(0)-P_{10}(1)-P_{10}(2)$$
$$=1-0.9^{10}-C_{10}^{1}\times 0.9^{9}\times 0.1-C_{10}^{2}\times 0.9^{8}\times 0.1^{2}\approx 0.07.$$

习题 1.6

1. 某车间有 5 台某型号的机床，每台机床由于种种原因时常需要停车. 设各台机床停车或开车是相互独立的. 若每台机床在任意时刻处于停车状态的概率为 $\frac{1}{3}$. 试求在任何一个时刻，

（1）恰有 1 台机床处于停车状态的概率；

（2）至少有 1 台机床处于停车状态的概率；

（3）至多有 1 台机床处于停车状态的概率.

2. 8 门炮同时向某一目标各射一发炮弹，有不少于 2 发炮弹命中时，目标被击毁. 如果每门炮击中目标的概率为 0.6，求摧毁目标的概率.

总习题一

1.1 某院校二年级学生第一学期开设 A、B 两门选修课. 已知学生选修 A 课程的有 45%，选修 B 课程的有 35%，两门课程都选的有 10%. 现从该校二年级任选一学生，求：

（1）该生至少选修一门课程的概率；

（2）该生只选修一门课程的概率.

1.2 某产品有大、中、小 3 种型号. 某公司发出 17 件此产品，其中 10 件大号，4 件中号，3 件小号. 交货人随意将这些产品发给顾客. 问一个订货为 4 件大号、3 件中号和 2 件小号的顾客，能按所定型号如数得到订货的概率是多少？

1.3 从一批由 45 件正品、5 件次品组成的产品中任取 3 件，求：

（1）其中恰有 1 件次品的概率；

（2）至少有 1 件次品的概率.

1.4 将 3 个球随机地投入 4 个盒子中，求下列事件的概率：

（1）A——任意 3 个盒子中各有 1 球；

（2）B——任意 1 个盒子中有 3 个球；

（3）C——任意 1 个盒子中有 2 个球，其他任意 1 个盒子中有 1 个球.

1.5　一批产品共 20 件，其中一等品 9 件，二等品 7 件，三等品 4 件. 从这批产品中任取 3 件，求

（1）取出的 3 件产品中恰有 2 件等级相同的概率；

（2）取出的 3 件产品中至少有 2 件等级相同的概率.

1.6　盒中有 12 颗围棋子，其中 8 颗白子，4 颗黑子. 现从中任取 3 颗. 求

（1）取到的都是白子的概率；

（2）取到 2 颗白子和 1 颗黑子的概率；

（3）取到的 3 颗棋子中至少有 1 颗黑子的概率；

（4）取到的 3 颗棋子颜色都相同的概率.

1.7　100 个零件中，有 10 个次品，每次无放回地任取 1 个，规定如果取得 1 个合格品，就不再继续取零件. 求 3 次内取得合格品的概率.

1.8　设某电台每到整点均报时. 一人早上醒来后打开收音机. 求他等待时间不超过 10 分钟就能听到该电台报时的概率.

1.9　据多年来的气象记录知，甲、乙两城市在一年内的雨天分布是均等的，且雨天的比例甲市占 20%，乙市占 18%，两市同时下雨占 12%. 求：

（1）某一天两市中至少有一市下雨的概率；

（2）乙市下雨的条件下，甲市也下雨的概率；

（3）甲市下雨的条件下，乙市也下雨的概率.

1.10　玻璃杯成箱出售，每箱 20 只. 假设各箱含 0、1、2 只残次品的概率分别为 0.8、0.1 和 0.1. 一顾客欲购一箱玻璃杯，在购买时，售货员任取一箱，而顾客随机地查看 4 只，若无残次品，则买下该箱玻璃杯，否则退还. 试求顾客买下该箱的概率.

1.11　甲、乙、丙 3 人同时对飞机进行射击，3 人击中的概率分别为 0.4、0.5、0.7. 飞机被 1 人击中而击落的概率为 0.2，被 2 人击中而击落的概率为 0.6，若 3 人都击中，飞机必定被击落，求飞机被击落的概率.

1.12　某厂甲、乙、丙 3 个车间生产同一种产品，其产量分别占全厂总产量的 40%、38%、22%，经检验知各车间的次品率分别为 0.04、0.03、0.05. 现从该种产品中任意取一件进行检查：

（1）求这件产品是次品的概率；

（2）已知抽得的一件是次品，问此次品来自甲、乙、丙各车间的概率分别是多少？

1.13　假定根据某种化验指标诊断肝炎，根据以往记录：$P(A|C)=0.95$，

$P(\bar{A}|\bar{C})=0.97$．其中 A 表示事件“化验结果为阳性”，C 表示事件“被查者患有肝炎”．又根据资料知该地区肝炎患者占0.4%，即 $P(C)=0.004$．现有此地区一人化验结果为阳性，求此人确实患有肝炎的概率．

1.14　设某型号的高射炮，每门炮发射一发炮弹击中飞机的概率为0.6．现配置若干门炮独立地各发射一发炮弹，问欲以99%的把握击中来犯的一架敌机，至少需配置几门高射炮？

1.15　射击运动中，一次射击最多能得10环．设某运动员在一次射击中得10环的概率为0.4，得9环的概率为0.3，得8环的概率为0.2，求该运动员在5次独立的射击中得到不少于48环的概率．

1.16　金工车间有10台同类型的机床，每台机床配备的电动机功率为10kW，已知每台机床工作时，平均每小时实际开动12分钟，且开动与否是相互独立的．现因当地电力供应紧张，供电部门只提供50kW的电力给这10台机床，问这10台机床能够正常工作的概率．

1.17　某大学的学生排球队与教工排球队进行比赛．已知每一局学生排球队获胜的概率为0.6，教工排球队获胜的概率为0.4．求：

（1）采用三局两胜制时，学生排球队获胜的概率；

（2）采用五局三胜制时，学生排球队获胜的概率．

1.18　假定一厂家生产的每台仪器可以直接出厂的概率为0.7，需进一步调试的概率为0.3，经调试后可以出厂的概率为0.8，定为不合格品不能出厂的概率为0.2．现在该厂生产了 n（$n \geqslant 2$）台仪器（假定各台仪器的生产过程相互独立）．求：

（1）n 台全部能出厂的概率 α；

（2）其中恰好有两台不能出厂的概率 β；

（3）其中至少有两台不能出厂的概率 θ．

第2章 随机变量及其分布

本章学习目标

为了方便地研究随机试验的各种结果及各种结果发生的概率，我们常把随机试验的结果与实数对应起来，即把随机试验的结果数量化，引入随机变量的概念.

通过本章的学习，重点掌握以下内容：

- 随机变量的概念及引入随机变量的意义
- 离散型随机变量及其概率分布，掌握三种常见离散型随机变量的分布及其应用
- 连续型随机变量及其概率密度，掌握三种常见连续型随机变量的分布及其应用
- 随机变量的函数及其分布

§ 2.1 随机变量

为全面研究随机试验的结果，揭示随机现象的统计规律性，需将随机试验的结果数量化，即把随机试验的结果与实数对应起来.

在有些随机试验中，实验的结果本身就是由数量来表示的. 例如，一批产品中的次品数，抛掷一颗骰子观察其出现的点数，某车间一天的缺勤人数，某地区第一季度的降雨量，某医院某一天的挂号人数等. 在另外一些随机试验中，试验结果看起来与数量无直接联系，但可以指定一个数量来表示. 例如，在抛掷一枚硬币观察其出现正面或反面的试验中，若规定“出现正面”对应数1，“出现反面”对应数−1，则该试验的每一种可能结果，都有唯一确定的实数与之对应.

上述例子表明，随机试验的结果都可以用一个实数表示，这个数随着试验结果不同而变化，因而，它是样本点的函数，这个函数就是我们要引入的随机变量.

2.1.1 随机变量的定义

定义 1 设 Ω 为随机试验 E 的样本空间，若对 Ω 中的每个样本点 ω 都有一个

确定的实数 $X(\omega)$ 与之对应，则称 $X = X(\omega)$ 为定义在 Ω 上的**随机变量**.

注 随机变量即为定义在样本空间上的实值函数.图2.1中画出了样本点 ω 与实数 $X = X(\omega)$ 对应的示意图.

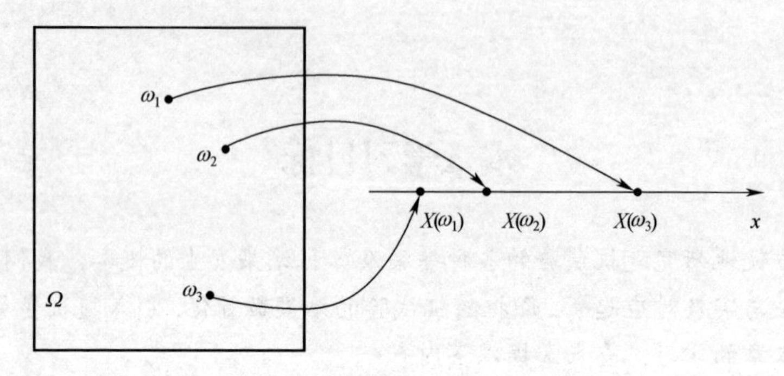

图 2.1

随机变量通常用大写字母 X,Y,Z 或希腊字母 ξ,η 等表示，而表示随机变量所取的值时，一般用小写字母 x,y,z 等表示.

抛掷一枚均匀硬币，观察正面是否朝上，若规定出现正面时抛掷者赢 1 元钱，出现反面时输 1 元钱，则其样本空间为

$$\Omega = \{正面，反面\},$$

记赢钱数为随机变量 X，则样本空间 Ω 的实值函数 X 定义为

$$X(\omega) = \begin{cases} 1, & \omega = 正面; \\ -1, & \omega = 反面. \end{cases}$$

在将一枚硬币投掷 3 次，观察正面 H、反面 T 出现情况的试验中，其样本空间为

$$\Omega = \{\text{HHH,HHT,HTH,THH,HTT,THT,TTH,TTT}\}.$$

记每次试验出现正面 H 的总次数为随机变量 X，则 X 作为样本空间 Ω 上的函数定义为

ω	HHH	HHT	HTH	THH	HTT	THT	TTH	TTT
X	3	2	2	2	1	1	1	0

易见，使“X 取值为 2”的样本点构成的子集为 $A = \{\text{HHT,HTH,THH}\}$，故

$$P(A) = P\{X = 2\} = \frac{3}{8},$$

类似地，有

$$P\{X \leqslant 1\} = P\{\text{HTT,THT,TTH,TTT}\} = \frac{4}{8} = \frac{1}{2}.$$

在测试灯泡寿命的试验中，每一个灯泡的实际使用寿命可能是$[0,+\infty)$中任何的一个实数，若用X表示灯泡的寿命（小时），则X是定义在样本空间$\Omega=\{t\mid t\geqslant 0\}$上的函数，即

$$X=X(t)=t$$

是随机变量.

2.1.2　引入随机变量的意义

随机变量的引入，使随机试验中的各种事件可通过随机变量的关系式表达出来. 例如，某城市的 110 报警电话每小时收到的呼救次数X是一个随机变量. 事件{收到不少于 20 次呼叫}可表示为$\{X\geqslant 20\}$；事件{收到恰好为 10 次呼叫}可表示为$\{X=10\}$. 由此可见，随机事件这个概念实际上包容在随机变量这个更广的概念内.

随机变量概念的产生是概率论发展史上的重大事件. 引入随机变量后，对随机现象统计规律的研究，就由对事件及事件规律的研究转化为对随机变量及其取值规律的研究，使人们可以利用数学分析方法对随机试验的结果进行广泛而深入的研究.

随机变量因其取值方式不同，通常分为离散型和非离散型两类，而非离散型随机变量中最重要的是连续型随机变量. 今后，我们主要讨论**离散型随机变量**和**连续型随机变量**.

2.1.3　随机变量的分布函数

由于随机变量的概率分布情况并非都能以其取某个值的概率表示，所以需要考虑随机变量的取值在某个区间里的概率.

定义 2　设X是一个随机变量，称

$$F(x)=P\{X\leqslant x\},\quad -\infty<x<+\infty \tag{2.1}$$

为X的**分布函数**.

对任意实数x_1,x_2（$x_1<x_2$），随机点落在区间$(x_1,x_2]$内的概率

$$P\{x_1<X\leqslant x_2\}=P\{X\leqslant x_2\}-P\{X\leqslant x_1\}=F(x_2)-F(x_1). \tag{2.2}$$

这表明随机变量X落在区间$(x_1,x_2]$内的概率等于分布函数$F(x)$在区间上的增量.

随机变量的分布函数是一个普通的函数，它完整地描述了随机变量的统计规律性. 通过它，人们就可以利用数学分析的方法来全面研究随机变量.

分布函数的性质如下：

（1）$0 \leqslant F(x) \leqslant 1$；

（2）**非减**，若 $x_1 < x_2$，则 $F(x_1) \leqslant F(x_2)$，事实上，由事件“$X \leqslant x_2$”包含事件“$X \leqslant x_1$”即得；

（3）$F(-\infty) = \lim\limits_{x \to -\infty} F(x) = 0$，$F(+\infty) = \lim\limits_{x \to +\infty} F(x) = 1$，事实上，由事件 $x \leqslant -\infty$ 和 $x \leqslant +\infty$ 分别是不可能事件和必然事件即得；

（4）**右连续**，即 $\lim\limits_{x \to x_0^+} F(x) = F(x_0)$.

另外，若一个函数具有上述性质，则它一定是某个随机变量的分布函数.

例 一个靶子是半径是 2 米的圆盘，设击中靶上任一同心圆盘上的点的概率与该圆盘的面积成正比，并设射击都能中靶，以 X 表示弹着点与圆心的距离.试求随机变量 X 的分布函数.

解 设随机变量 X 的分布函数为 $F(r) = P\{X \leqslant r\}$，由于射击都能中靶，所以 X 的一切可能取值在区间[0,2]内，根据分布函数的性质可知：当 $r < 0$ 时，$F(r) = 0$；当 $r > 2$ 时，$F(r) = 1$．当 $0 \leqslant r \leqslant 2$ 时，按题意有 $F(r) = P\{X \leqslant r\} = k\pi r^2$．特别的当 $r = 2$ 时，$F(2) = P\{X \leqslant 2\} = 4k\pi = 1$，所以 $k = \dfrac{1}{4\pi}$．所以随机变量 X 的分布函数为

$$F(r) = \begin{cases} 0, & r < 0; \\ \dfrac{r^2}{4}, & 0 \leqslant r \leqslant 2; \\ 1, & r > 2. \end{cases}$$

习题 2.1

1．设 X 的分布函数为 $F_1(x)$，Y 的分布函数为 $F_2(x)$，而 $F(x) = aF_1(x) - bF_2(x)$ 是某随机变量 Z 的分布函数，则 a, b 可取（　　）.

A．$a = \dfrac{3}{5}, b = -\dfrac{2}{5}$　　　　B．$a = b = \dfrac{2}{3}$

C．$a = -\dfrac{1}{2}$，$b = \dfrac{3}{2}$　　　　D．$a = \dfrac{1}{2}$，$b = -\dfrac{3}{2}$

2．设有函数

$$F(x) = \begin{cases} \sin x, & 0 \leqslant x \leqslant \pi; \\ 0\text{，} & \text{其他}. \end{cases}$$

试说明 $F(x)$ 能否是某随机变量的分布函数.

3．若随机变量 X 的分布函数 $F(x)=\begin{cases}0, & x<0;\\ Ax^2, & 0\leqslant x<6;\\ 1, & x\geqslant 6.\end{cases}$

求 A .

§ 2.2　离散型随机变量及其分布

2.2.1　离散型随机变量及其概率分布

定义 1　设 X 是一个随机变量，如果它的全部可能取值只有有限多个或可数无穷多个，则称 X 是**离散型随机变量**.

易知，离散型随机变量 X 的统计规律由 X 的每个取值以及对应的概率所确定.

设随机变量 X 的全部可能取值为 x_i ，$i=1,2,\cdots,n,\cdots$ ，X 取各个可能取值的概率

$$P\{X=x_i\}=p(x_i)\text{，}\ i=1,2,\cdots,n,\cdots \text{，} \tag{2.3}$$

则称式（2.3）为随机变量 X 的**分布律**，离散型随机变量 X 的分布律也可表示为

X	x_1	x_2	…	x_n	…
$p(x_i)$	$p(x_1)$	$p(x_2)$	…	$p(x_n)$	…

离散型随机变量 X 的分布律满足：

（1） $p(x_i)\geqslant 0$ ，$i=1,2,\cdots,n,\cdots$ （非负性）；

（2） $\sum\limits_{i=1}^{+\infty}p(x_i)=1$ （规范性）.

易得 X 的分布函数为

$$F(x)=P\{X\leqslant x\}=\sum_{x_i\leqslant x}P\{X=x_i\}=\sum_{x_i\leqslant x}p(x_i)\,. \tag{2.4}$$

即，当 $x<x_1$时，$F(x)=0$ ；

当 $x_1\leqslant x<x_2$时，$F(x)=p(x_1)$ ；

当 $x_2\leqslant x<x_3$时，$F(x)=p(x_1)+p(x_2)$ ；

⋮

当 $x_{n-1}\leqslant x<x_n$时，$F(x)=p(x_1)+p(x_2)+\cdots+p(x_{n-1})$ ；

⋮

如图 2.2 所示，$F(x)$ 是一个阶梯函数，它在 $x=x_i$（ $i=1,2,\cdots,n,\cdots$ ）处有跳跃，跳跃度恰为随机变量 X 在 $x=x_i$ 处的概率 $p(x_i)=P\{X=x_i\}$.

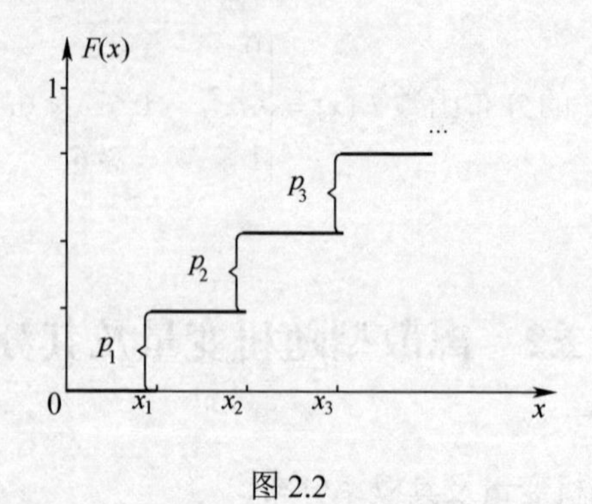

图 2.2

反之，若一个随机变量 X 的分布函数为阶梯函数，则 X 一定是一个离散型随机变量，其分布律亦由 $F(x)$ 唯一确定．即 X 的分布律又可由其分布函数表示为

$$P\{X=x_i\}=p(x_i)=P\{x_{i-1}<X\leqslant x_i\}=F(x_i)-F(x_{i-1}),\quad i=1,2,\cdots,n,\cdots \tag{2.5}$$

由离散型随机变量 X 的分布律可求得 X 所产生的任何事件的概率，特别地

$$P\{a\leqslant X\leqslant b\}=P\left(\bigcup_{a\leqslant x_i\leqslant b}\{X=x_i\}\right)=\sum_{a\leqslant x_i\leqslant b}p(x_i). \tag{2.6}$$

例 1 一盒元件有 5 件，已知其中有两件是合格品，从中逐一取出元件测试，直到首次取出合格品为止，求首次取到合格品时所取次数 X 的分布律和分布函数，并求出至少取 3 次才是合格品的概率.

解 由题意知，抽取的方式是不放回的，因此 X 的全部可能取值为 1,2,3,4. 设 A_i 为事件“第 i 次取到合格品”，$i=1,2,3,4$，易知

$$P\{X=1\}=P(A_1)=\frac{2}{5},$$

$$P\{X=2\}=P(\overline{A}_1A_2)=P(A_1)P(\overline{A}_2\mid\overline{A}_1)=\frac{3}{5}\times\frac{2}{4}=\frac{3}{10},$$

$$P\{X=3\}=P(\overline{A}_1\overline{A}_2A_3)=P(\overline{A}_1)P(\overline{A}_2\mid\overline{A}_1)P(A_3\mid\overline{A}_1\overline{A}_2)=\frac{3}{5}\times\frac{2}{4}\times\frac{2}{3}=\frac{1}{5},$$

$$P\{X=4\}=1-\sum_{i=1}^{3}P\{X=i\}=\frac{1}{10}.$$

因此，所求分布律为

X	1	2	3	4
$p(x_i)$	$\frac{2}{5}$	$\frac{3}{10}$	$\frac{1}{5}$	$\frac{1}{10}$

从而 X 的分布函数为

$$F(x)=P\{X\leqslant x\}=\begin{cases}0, & x<1;\\ \dfrac{2}{5}, & 1\leqslant x<2;\\ \dfrac{7}{10}, & 2\leqslant x<3;\\ \dfrac{9}{10}, & 3\leqslant x<4;\\ 1, & x\geqslant 4.\end{cases}$$

事件“至少取 3 次才取得合格品”的概率

$$P\{X\geqslant 3\}=P\{X=3\}+P\{X=4\}=\frac{3}{10},$$

或

$$P\{X\geqslant 3\}=1-P\{X\leqslant 2\}=1-F(2)=\frac{3}{10}.$$

例 2　设随机变量 X 的分布函数为

$$F(x)=\begin{cases}0, & x\leqslant 1;\\ \dfrac{9}{19}, & 1\leqslant x<2;\\ \dfrac{15}{19}, & 2\leqslant x<3;\\ 1, & x\geqslant 3.\end{cases}$$

求 X 的分布律.

解　由 $F(x)$ 是一个阶梯函数，知 X 是一个离散型随机变量，$F(x)$ 的跳跃点分别为 1、2、3，对应的跳跃高度分别为 $\frac{9}{19}$、$\frac{6}{19}$、$\frac{4}{19}$，故 X 的分布律为

X	1	2	3
$p(x_i)$	$\frac{9}{19}$	$\frac{6}{19}$	$\frac{4}{19}$

2.2.2　常用离散型随机变量的分布

1. 两点分布（“0–1” 分布）

定义 2　若一个随机变量 X 只有两个可能取值 x_1, x_2，且其分布为

$$P\{X=x_1\}=p,\quad P\{X=x_2\}=1-p,\quad 0<p<1, \tag{2.7}$$

则称 X 服从 x_1, x_2 处参数为 p 的**两点分布**.

特别地，若 X 服从 $x_1=1$，$x_2=0$ 处参数为 p 的两点分布，即

X	0	1
$p(x_i)$	q	p

则称 X 服从参数为 p 的"0–1"分布，其中 $q=1-p$.

易见，（1）$0<p,q<1$；（2）$p+q=1$.

对于一个随机试验，若它的样本空间只包含两个样本点，即

$$\Omega=\{\omega_1,\omega_2\},$$

则总能在 Ω 上定义一个服从"0–1"分布的随机变量

$$X=X(\omega)=\begin{cases}0, & \omega=\omega_1;\\ 1, & \omega=\omega_2\end{cases}$$

来描述这个随机试验的结果．例如，抛硬币试验，检验产品的质量是否合格，某工厂的电力消耗是否超过负荷，等等.

已知 200 件产品中，有 196 件是正品，4 件是次品，从中随机地抽取一件，若规定

$$X=\begin{cases}1, & \text{取到正品;}\\ 0, & \text{取到次品,}\end{cases}$$

则

$$P\{X=1\}=\frac{196}{200}=0.98,\ P\{X=0\}=\frac{4}{200}=0.02.$$

于是，X 服从参数为 0.98 的"0–1"分布.

2. 二项分布

若随机变量 X 的全部可能取值为 $0,1,2,\cdots,n$，且其分布律为

$$P\{X=k\}=\mathrm{C}_n^k p^k q^{n-k},\quad k=0,1,2,\cdots,n, \tag{2.8}$$

其中，$0<p<1$，$p+q=1$，则称 X 服从参数为 n,p 的**二项分布**，或称 X 服从参数为 n,p 的**伯努利分布**，记为 $X\sim B(n,p)$.

在 n 重伯努利试验中，设 X 为事件 A 发生的次数，则事件 A 恰好发生 k 次的概率

$$P\{X=k\}=\mathrm{C}_n^k p^k q^{n-k},\quad k=0,1,2,\cdots,n, \tag{2.9}$$

即 $X\sim B(n,p)$，故二项分布常用来描述可重复进行的独立试验中的随机现象.

容易验证：

$$P\{X=k\}=\mathrm{C}_n^k p^k q^{n-k}\geqslant 0,$$

$$\sum_{k=0}^{n} P\{X=k\}=\sum_{k=0}^{n} \mathrm{C}_n^k p^k q^{n-k}=(p+q)^n=1.$$

注　当 $n=1$ 时，式（2.9）变为

$$P\{X=k\}=p^k(1-p)^{1-k}, \quad k=0,1,$$

此时，随机变量 X 服从“0–1”分布.

例 3　已知 100 个产品中有 5 个次品，现从中有放回地取 3 次，每次任取 1 个，求在所取的 3 个产品中恰好有 2 个次品的概率.

解　因为这是有放回地取 3 次，因此，这 3 次试验的条件是完全相同且独立，它是伯努利试验. 依题意，每次取到次品的概率为 0.05. 设 X 为所取的 3 个中的次品数，则 $X \sim B(3,0.05)$，于是，所求概率为

$$P\{X=2\}=\mathrm{C}_3^2 \times 0.05^2 \times 0.95=0.007125.$$

注　若将本例中的“有放回”改为“无放回”，那么各次试验条件就不同了，所以不再是伯努利试验，此时，应用古典概型求解，

$$P\{X=2\}=\frac{\mathrm{C}_{95}^1 \mathrm{C}_5^2}{\mathrm{C}_{100}^3} \approx 0.00588.$$

例 4　某人进行射击，设每次射击的命中率为 0.02，独立射击 400 次，试求至少击中 2 次的概率.

解　将 1 次射击看成 1 次试验. 设击中的次数为 X，则 $X \sim B(400,0.02)$. X 的分布律为

$$P\{X=k\}=\mathrm{C}_{400}^k \times 0.02^k \times 0.98^{400-k}, \quad k=0,1,\cdots,400.$$

于是，至少击中 2 次的概率为

$$P\{X \geqslant 2\}=1-P\{X=0\}-P\{X=1\}=1-0.98^{400}-400 \times 0.02 \times 0.98^{399} \approx 0.9972.$$

注　二项分布 $B(n,p)$ 和“0–1”分布还有一层密切关系. 仍设一个试验只有两个结果：A 和 $\overline{A}$，且 $P(A)=p$. 现将试验独立进行 n 次，记 X 为 n 次试验中结果 A 出现的次数，则 $X \sim B(n,p)$. 若记 X_i 为第 i 次试验中结果 A 出现的次数，即

$$X_i=\begin{cases}1, & \text{第}\,i\,\text{次试验中结果}\,A\,\text{出现;}\\ 0, & \text{第}\,i\,\text{次试验中结果}\,A\,\text{不出现,}\end{cases} \quad i=1,2,\cdots,n,$$

则 X_i 服从“0–1”分布，并且 $X_1,X_2,\cdots,X_n$ 相互独立. 根据 X 和 $X_1,X_2,\cdots,X_n$ 的定义自然有

$$X=X_1+X_2+\cdots+X_n.$$

3. 泊松分布

定义 3　若一个随机变量 X 的分布律为

$$P\{X=k\}=\mathrm{e}^{-\lambda}\frac{\lambda^k}{k!},\quad \lambda>0,\quad k=0,1,2,\cdots, \tag{2.10}$$

则称 X 服从参数为 λ 的**泊松分布**，记为 $X\sim P(\lambda)$．易见：

（1）$P\{X=k\}\geqslant 0$，$k=0,1,2,\cdots$；

（2）$\sum\limits_{k=0}^{+\infty}P\{X=k\}=\sum\limits_{k=0}^{+\infty}\mathrm{e}^{-\lambda}\frac{\lambda^k}{k!}=\mathrm{e}^{-\lambda}\sum\limits_{k=0}^{+\infty}\frac{\lambda^k}{k!}=\mathrm{e}^{-\lambda}\cdot\mathrm{e}^{\lambda}=1$．

泊松分布是重要的离散型随机变量的概率分布之一，有广泛的应用．例如，来到某售票口买票的人数；进入商店的顾客数；布匹上的疵点数；纱锭上棉纱断头次数；放射性物质放射出的质子数；热电子的发射数；显微镜下在某观察范围内的微生物数；母鸡的产蛋量；等等，这些随机变量都可用泊松分布描述．泊松分布对某些 λ 及 k 的相应概率值可以在本书附表 1 中查到．

例 5 某一城市一天发生的火灾次数 X 服从参数为 $\lambda=0.8$ 的泊松分布，求该城市一天内发生 3 次或 3 次以上火灾的概率．

解 由概率的性质与附表 1 得

$$\begin{aligned}P\{X\geqslant 3\}&=1-P\{X<3\}=1-P\{X=0\}-P\{X=1\}-P\{X=2\}\\&=1-\mathrm{e}^{-0.8}\left(\frac{0.8^0}{0!}+\frac{0.8^1}{1!}+\frac{0.8^2}{2!}\right)\approx 0.0474.\end{aligned}$$

4. 二项分布的泊松近似

对二项分布 $B(n,p)$，当试验次数 n 很大时，计算其概率很麻烦．例如，若 $X\sim B\left(5\,000,\frac{1}{1\,000}\right)$，要计算

$$P\{X>5\}=\sum_{k=6}^{5\,000}\mathrm{C}_{5\,000}^k\left(\frac{1}{1\,000}\right)^k\cdot\left(\frac{999}{1\,000}\right)^{5\,000-k},$$

故需寻求某种近似计算方法．这里我们介绍二项分布的泊松近似．

定理（泊松定理） 在 n 重伯努利试验中，事件 A 在每次试验中发生的概率为 p_n（注意这与试验的次数 n 有关），如果 $n\to\infty$ 时，$np_n\to\lambda$（$\lambda>0$为常数），则对任意给定的 k，有

$$\lim_{n\to\infty}\mathrm{C}_n^k p_n^k(1-p_n)^{n-k}=\frac{\lambda^k}{k!}\mathrm{e}^{-\lambda}. \tag{2.11}$$

证明略．

注 泊松定理的条件意味着当 n 很大时，p_n 必定很小．因此，泊松定理表明，当 n 很大、p 很小时，有下列近似公式

$$\mathrm{C}_n^k p^k(1-p)^{n-k}\approx\frac{\lambda^k}{k!}\mathrm{e}^{-\lambda},\quad \lambda=np. \tag{2.12}$$

实际计算中，$n \geqslant 100$，$np \leqslant 10$ 时近似效果就很好.

例 6　某证券营业部开有 1000 个资金账户，每户资金 10 万元，设每日每个资金账户到营业部提取 20%现金的概率为 0.006，问该营业部每日至少要准备多少现金，才能保证 95%以上的概率满足客户的提款需求.

解　设每日提取现金的账户数为 X，据题意，可认为每个客户是否需提取现金是相互独立的，因此随机变量 $X \sim B(1000, 0.006)$，而每日提取的现金数为 $2X$．又设营业部准备的现金数为 x（万元），则要求最小的 x，使

$$P\{2X \leqslant x\} = P\left\{X \leqslant \frac{x}{2}\right\} \geqslant 0.95,$$

即

$$\sum_{k=0}^{x/2} \mathrm{C}_{1\,000}^{k} \cdot 0.006^{k} \cdot 0.994^{(1\,000-k)} \geqslant 0.95.$$

利用泊松定理，由 $\lambda = 1000 \times 0.006 = 6$ 得

$$\sum_{k=0}^{x/2} \mathrm{C}_{1\,000}^{k} \cdot 0.006^{k} \cdot 0.994^{(1\,000-k)} \approx \sum_{k=0}^{x/2} \frac{6^k}{k!} \mathrm{e}^{-6} = 1 - \sum_{k=1+x/2}^{+\infty} \frac{6^k}{k!} \mathrm{e}^{-6} \geqslant 0.95.$$

查书后附表 1 得 $\dfrac{x}{2} \geqslant 10$，于是 $x \geqslant 20$．故营业部每日至少应准备 20 万元现金.

习题 2.2

1．一批产品，其中有 9 件正品，3 件次品. 现逐一取出使用，直到取出正品为止，求在取到正品以前已取出次品数的分布律、分布函数.

2．重复独立抛掷一枚硬币，每次出现正面的概率为 p（$0 < p < 1$），出现反面的概率为 $q = 1 - p$，一直抛到正反都出现为止，求所需抛掷次数的分布律.

3．一大楼装有 5 套同类型的空调系统，调查表明在任一时刻 t 每套系统被使用的概率为 0.1，问在同一时刻：

（1）恰有 2 套系统被使用的概率是多少？

（2）至少有 3 套系统被使用的概率是多少？

（3）至多有 3 套系统被使用的概率是多少？

（4）至少有 1 套系统被使用的概率是多少？

4．一寻呼台每分钟收到寻呼的次数服从参数为 4 的泊松分布．求

（1）每分钟恰有 8 次寻呼的概率；

（2）每分钟的寻呼次数大于 8 的概率.

§ 2.3 连续型随机变量及其分布

2.3.1 连续型随机变量及其概率密度

连续型随机变量的所有可能取值可以充满一个区间. 对这种类型的随机变量，不能像离散型随机变量那样，以求出它取得每个可能值的概率的方式去给出其概率分布，而是采用给出“概率密度函数”的方式. 概率密度的含义就类似于物理中的线密度，类似于把单位质量按密度函数给定的值，分布于$(-\infty,+\infty)$.

定义 1 设$F(x)$为随机变量X的分布函数，若存在非负函数$f(x)$，对任意实数x，有

$$F(x)=\int_{-\infty}^{x} f(t)\mathrm{d}t, \tag{2.13}$$

则称X为**连续型随机变量**，称$f(x)$为X的**概率密度函数或分布密度函数**，简称为**概率密度**.

概率密度具有下列性质：

（1）$f(x)\geqslant 0$；

（2）$\int_{-\infty}^{+\infty} f(x)\mathrm{d}x=1$.

注 上述性质有明显的几何意义，如图 2.3 所示.

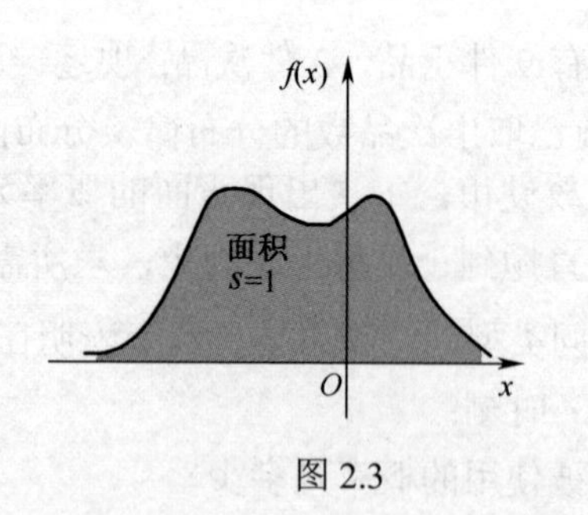

图 2.3

反之，可证一个函数若满足上述性质，则该函数一定可以作为某连续型随机变量的概率密度函数.

连续型随机变量有以下 3 个性质.

（1）对于连续型随机变量X，若已知其概率密度$f(x)$，则根据定义，可求得其分布函数$F(x)$，同时，还可求得X的取值落在任意区间$(a,b]$上的概率（图 2.4）为

$$P\{a<X\leqslant b\}=F(b)-F(a)=\int_{a}^{b} f(x)\mathrm{d}x. \tag{2.14}$$

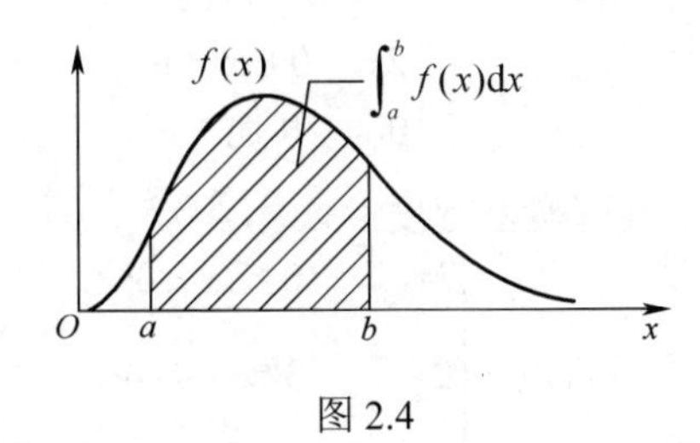

图 2.4

（2）连续型随机变量 X 取任一指定值 $a(a\in\mathbf{R})$ 的概率为 0．因为

$$P\{X=a\}=\lim_{\Delta x\to 0}P\{a-\Delta x<X\leqslant a\}=\lim_{\Delta x\to 0}\int_{a-\Delta x}^{a}f(x)\mathrm{d}x=0,$$

故对连续型随机变量 X，有

$$P\{a\leqslant X\leqslant b\}=P\{a<X<b\}=F(b)-F(a)=\int_a^b f(x)\mathrm{d}x. \tag{2.15}$$

注　连续型随机变量 X 取任意值 a 的概率为 0．此性质说明概率为零的事件不一定是不可能事件.

（3）若 $f(x)$ 在点 x 处连续，则

$$F'(x)=f(x). \tag{2.16}$$

另由式（2.15）得

$$f(x)=\lim_{\Delta x\to 0^+}\frac{F(x+\Delta x)-F(x)}{\Delta x}=\lim_{\Delta x\to 0^+}\frac{P\{x<X\leqslant x+\Delta x\}}{\Delta x}.$$

因此，当 Δx 充分小时，有

$$P\{x<X\leqslant x+\Delta x\}\approx f(x)\Delta x,$$

即 $f(x)$ 不是概率，但 $f(x)$ 的取值确定了 X 在区间 $(x,x+\Delta x]$ 上概率的大小，也就是说，$f(x)$ 的取值确定了 X 在点 x 附近概率的“疏密度”，故称 $f(x)$ 为密度函数.

例 1　设随机变量 X 的分布函数为

$$F(x)=\begin{cases}0, & x\leqslant 0;\\ x^2, & 0<x<1;\\ 1, & x\geqslant 1.\end{cases}$$

求：（1）概率 $P\{0.3<X<0.7\}$；（2）X 的概率密度.

解　由连续型随机变量的性质有

（1）$P\{0.3<X<0.7\}=F(0.7)-F(0.3)=0.7^2-0.3^2=0.4$；

（2）X 的概率密度为

$$f(x)=F'(x)=\begin{cases}0, & x\leqslant 0;\\ 2x, & 0<x<1;\\ 0, & x\geqslant 1.\end{cases}$$

即

$$f(x)=\begin{cases}2x, & 0<x<1;\\ 0, & \text{其他}.\end{cases}$$

例 2 设随机变量 X 具有概率密度：

$$f(x)=\begin{cases}kx, & 0\leqslant x<3;\\ 2-\dfrac{x}{2}, & 3\leqslant x\leqslant 4;\\ 0, & \text{其他}.\end{cases}$$

（1）确定常数 k；（2）求 X 的分布函数 $F(x)$；（3）求 $P\left\{1<X\leqslant\dfrac{7}{2}\right\}$.

解 （1）由 $\int_{-\infty}^{+\infty}f(x)\mathrm{d}x=1$，得

$$\int_{-\infty}^{+\infty}f(x)\mathrm{d}x=\int_0^3 kx\mathrm{d}x+\int_3^4\left(2-\frac{x}{2}\right)\mathrm{d}x=1,$$

解得 $k=\dfrac{1}{6}$，于是 X 的概率密度为

$$f(x)=\begin{cases}\dfrac{x}{6}, & 0\leqslant x<3;\\ 2-\dfrac{x}{2}, & 3\leqslant x\leqslant 4;\\ 0, & \text{其他}.\end{cases}$$

（2）X 的分布函数为

$$F(x)=\begin{cases}0, & x<0;\\ \int_0^x\dfrac{t}{6}\mathrm{d}t, & 0\leqslant x<3;\\ \int_0^3\dfrac{t}{6}\mathrm{d}t+\int_3^x\left(2-\dfrac{t}{2}\right)\mathrm{d}t, & 3\leqslant x<4;\\ 1, & x\geqslant 4.\end{cases}$$

$$=\begin{cases}0, & x<0;\\ \dfrac{x^2}{12}, & 0\leqslant x<3;\\ -3+2x-\dfrac{x^2}{4}, & 3\leqslant x<4;\\ 1, & x\geqslant 4.\end{cases}$$

（3）$P\left\{1<X\leqslant\dfrac{7}{2}\right\}=\int_1^{\frac{7}{2}}f(x)\mathrm{d}x=\dfrac{x^2}{12}\Big|_1^3+\left(-3+2x-\dfrac{x^2}{4}\right)\Big|_3^{\frac{7}{2}}=\dfrac{41}{48}$.

2.3.2　常用连续型随机变量的分布

1. 均匀分布

定义 2　若连续型随机变量 X 的概率密度为

$$f(x)=\begin{cases}\dfrac{1}{b-a}, & a<x<b;\\ 0, & \text{其他}.\end{cases} \tag{2.17}$$

则称 X 在区间 (a,b) 上服从**均匀分布**，记为 $X\sim U(a,b)$.

易见，（1）$f(x)\geqslant 0$；（2）$\int_{-\infty}^{+\infty}f(x)\mathrm{d}x=1$.

容易求得均匀分布的分布函数为

$$F(x)=\begin{cases}0, & x\leqslant a;\\ \dfrac{x-a}{b-a}, & a<x<b;\\ 1, & x\geqslant b.\end{cases}$$

均匀分布的概率密度 $f(x)$ 和分布函数 $F(x)$ 的图形分别如图 2.5 和图 2.6 所示.

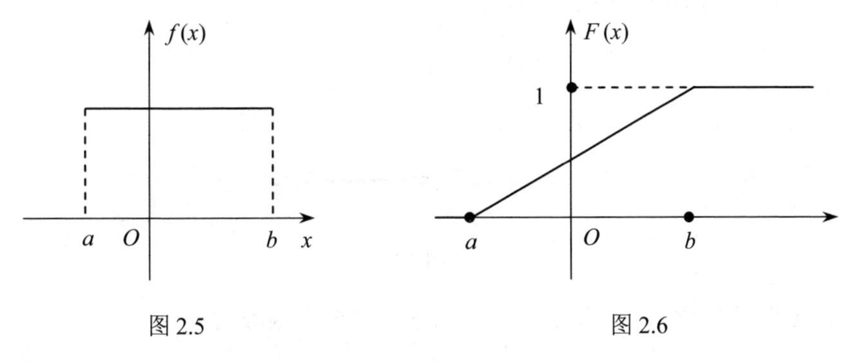

图 2.5　　　　图 2.6

任取子区间 $(c,c+l)\subset(a,b)$，有

$$P\{c<X<c+l\}=\int_c^{c+l}f(x)\mathrm{d}x=\int_c^{c+l}\frac{1}{b-a}\mathrm{d}x=\frac{l}{b-a}.$$

因此 X 的取值落在区间 (a,b) 内的任意区间上的概率，与子区间的长度成正比，而与子区间的位置无关，即 X 的取值落在任意长度相等的子区间上的概率“均匀”地分布在区间 (a,b) 内.

均匀分布可用来描述在某个区间上具有等可能结果的随机试验的统计规律性．例如，数值计算中的数字按四舍五入处理、公共汽车站乘客的候车时间等.

例 3　用电子表计时一般准确至 $0.01\mathrm{s}$，即如果以秒为时间的计量单位，则小数点后第二位数字是按“四舍五入”原则得到的，求使用电子表计时产生的随机误差 X 的概率密度，并计算误差的绝对值不超过 0.002s 的概率．

解 依题意，随机误差 X 可能取得区间 $[-0.005,0.005]$ 上的任一数值，且 $X \sim U(-0.005,0.005)$，则

$$f(x)=\begin{cases}100, & -0.005<x<0.005;\\ 0, & \text{其他}.\end{cases}$$

由此不难计算误差的绝对值不超过 0.002s 的概率为

$$P\{|X|\leqslant 0.002\}=\int_{-0.002}^{0.002}100\mathrm{d}x=0.4 .$$

2. 指数分布

定义 3 若随机变量 X 的概率密度为

$$f(x)=\begin{cases}\lambda \mathrm{e}^{-\lambda x}, & x>0;\\ 0, & \text{其他}.\end{cases} \tag{2.18}$$

其中，$\lambda>0$ 是常数，则称 X 服从参数为 λ 的**指数分布**，简记为 $X\sim \mathrm{e}(\lambda)$.

易见，（1）$f(x)\geqslant 0$；（2）$\int_{-\infty}^{+\infty}f(x)\mathrm{d}x=1$.

$f(x)$ 的几何图形如图 2.7 所示．

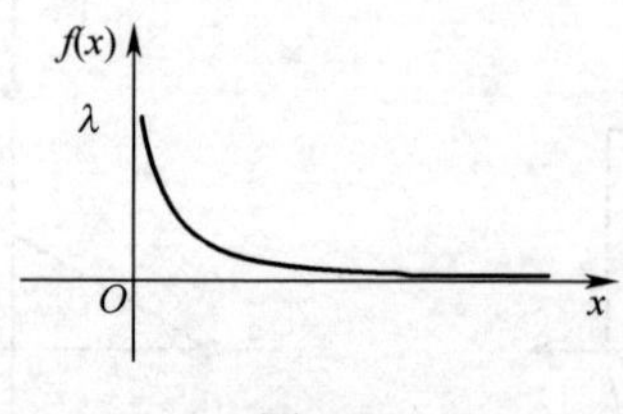

图 2.7

若 X 服从参数为 λ 的指数分布，易求出其分布函数为

$$F(x)=\begin{cases}1-\mathrm{e}^{-\lambda x}, & x>0;\\ 0, & \text{其他}.\end{cases} \tag{2.19}$$

例 4 某元件的寿命 X 服从指数分布，已知其参数 $\lambda=\dfrac{1}{1000}$，求：

（1）这样的元件使用 1000 小时以上的概率；

（2）3 个这样的元件使用 1000 小时，至少已有 1 个损坏的概率．

解 由题设知，X 的分布函数为

$$F(x)=\begin{cases}1-\mathrm{e}^{-\frac{x}{1000}}, & x\geqslant 0;\\ 0, & x<0.\end{cases}$$

（1）由此得到元件使用 1000 小时以上的概率为

$$P\{X>1000\}=1-P\{X\leqslant 1000\}=1-F(1000)=\mathrm{e}^{-1}.$$

（2）各元件的寿命是否超过 1000 小时是独立的，用 Y 表示三个元件中使用 1000 小时损坏的元件数，则 $Y\sim B(3,1-\mathrm{e}^{-1})$．所求概率为

$$P\{Y\geqslant 1\}=1-P\{Y=0\}=1-\mathrm{C}_3^0(1-\mathrm{e}^{-1})^0(\mathrm{e}^{-1})^3=1-\mathrm{e}^{-3}.$$

3. 正态分布

定义 4　若随机变量 X 的概率密度为

$$f(x)=\frac{1}{\sqrt{2\pi}\sigma}\mathrm{e}^{-\frac{(x-\mu)^2}{2\sigma^2}},\quad -\infty<x<+\infty, \tag{2.20}$$

则称 X 服从参数为 μ 和 σ^2 的**正态分布**，记为 $X\sim N(\mu,\sigma^2)$，其中 μ 和 σ（$\sigma>0$）都是常数．易见：

（1）$f(x)\geqslant 0$；

（2）$\int_{-\infty}^{+\infty}f(x)\mathrm{d}x=\int_{-\infty}^{+\infty}\frac{1}{\sqrt{2\pi}\sigma}\mathrm{e}^{-\frac{(x-\mu)^2}{2\sigma^2}}\mathrm{d}x=\frac{1}{\sqrt{2\pi}}\int_{-\infty}^{+\infty}\mathrm{e}^{-\frac{t^2}{2}}\mathrm{d}t=1$（令 $t=\frac{x-\mu}{\sigma}$）.

其中利用了泊松积分 $\int_{-\infty}^{+\infty}\mathrm{e}^{-t^2}\mathrm{d}t=\sqrt{\pi}$.

一般来说，一个随机变量如果受到许多随机因素的影响，而其中每一个因素都不起主导作用（作用微小），则它服从正态分布．这是正态分布在实践中得以广泛应用的原因，例如，产品的质量指标，元件的尺寸，某地区成年男子的身高、体重，测量误差，射击目标的水平和垂直偏差，信号噪声，农作物的产量，等等，都服从或近似服从正态分布．

正态分布概率密度的图形特征如下：

（1）密度曲线关于 $x=\mu$ 对称（图 2.8），这说明，对任意的 $h>0$，有

$$P\{\mu-h<X<\mu\}=P\{\mu<X<\mu+h\}. \tag{2.21}$$

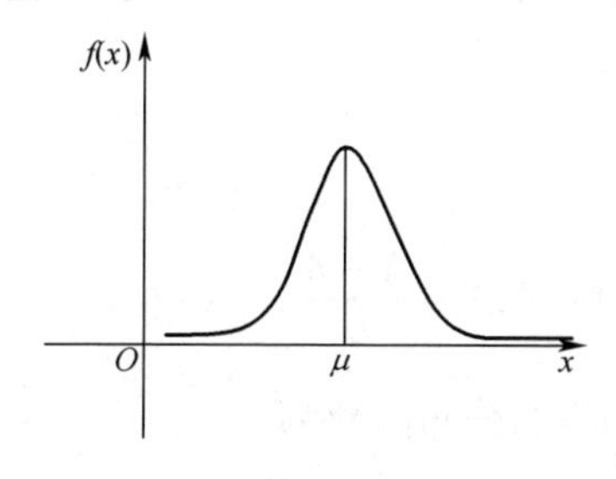

图 2.8

（2）曲线在 $x=\mu$ 时达到最大值 $f(x)=\frac{1}{\sqrt{2\pi}\sigma}$.

（3）曲线在 $x=\mu\pm\sigma$ 处有拐点且以 x 轴为渐近线.

（4）μ 确定了曲线的位置（图 2.8），σ 确定了曲线中峰的陡峭程度（图 2.9）.

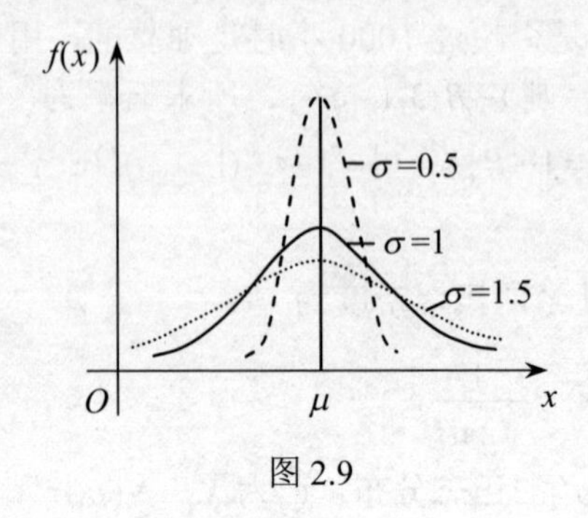

图 2.9

若 $X\sim N(\mu,\sigma^2)$，则 X 的分布函数为

$$F(x)=\frac{1}{\sqrt{2\pi}\sigma}\int_{-\infty}^{x}\mathrm{e}^{-\frac{(t-\mu)^2}{2\sigma^2}}\mathrm{d}t,\ -\infty<x<+\infty. \tag{2.22}$$

当 $\mu=0$，$\sigma=1$ 时称为**标准正态分布**，此时，其概率密度和分布函数常用 $\varphi(x)$ 和 $\Phi(x)$ 表示（图 2.10 和图 2.11），

$$\varphi(x)=\frac{1}{\sqrt{2\pi}}\mathrm{e}^{-\frac{x^2}{2}},\quad -\infty<x<+\infty, \tag{2.23}$$

$$\Phi(x)=\frac{1}{\sqrt{2\pi}}\int_{-\infty}^{x}\mathrm{e}^{-\frac{t^2}{2}}\mathrm{d}t,\quad -\infty<x<+\infty. \tag{2.24}$$

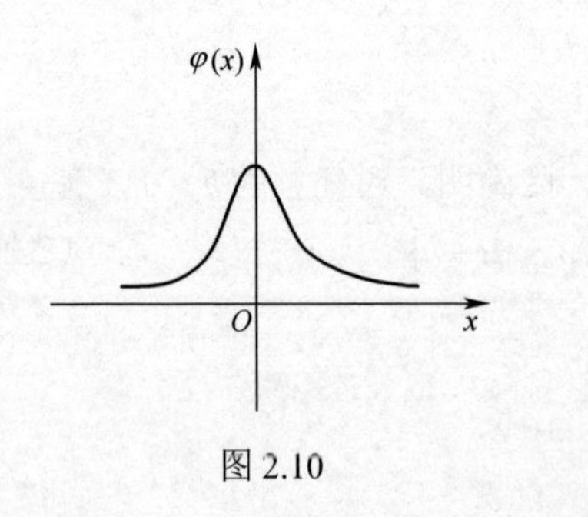

图 2.10

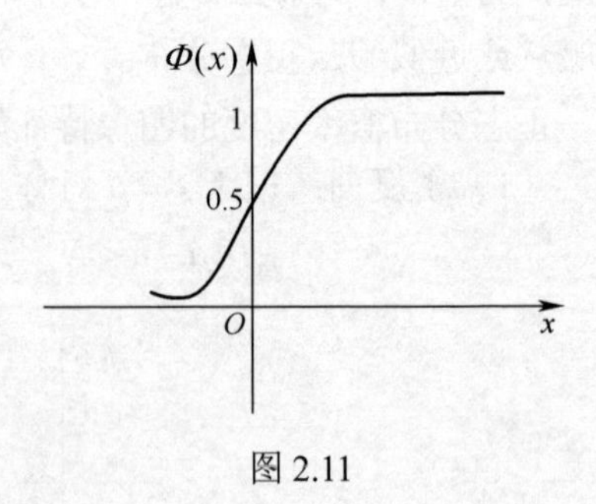

图 2.11

定理 设 $X\sim N(\mu,\sigma^2)$，则 $Y=\dfrac{X-\mu}{\sigma}\sim N(0,1)$.

证 随机变量 $Y=\dfrac{X-\mu}{\sigma}$ 的分布函数为

$$P\{Y\leqslant x\}=P\left\{\frac{X-\mu}{\sigma}\leqslant x\right\}=P\{X\leqslant\mu+\sigma x\}=\int_{-\infty}^{\mu+\sigma x}\frac{1}{\sqrt{2\pi}\sigma}\mathrm{e}^{-\frac{(t-\mu)^2}{2\sigma^2}}\mathrm{d}t$$

$$\xlongequal{u=\frac{t-\mu}{\sigma}} \frac{1}{\sqrt{2\pi}}\int_{-\infty}^{x} \mathrm{e}^{-\frac{u^2}{2}}\mathrm{d}u = \Phi(x),$$

所以 $Y=\dfrac{X-\mu}{\sigma}\sim N(0,1)$.

$\Phi(x)$ 的函数值已编制成表（附表 2），以供查找.

（1）表中给出了 $x>0$ 时，$\Phi(x)$ 的数值，当 $x<0$ 时，有

$$\Phi(x)=1-\Phi(-x). \tag{2.25}$$

（2）若 $X\sim N(0,1)$，则由连续型随机变量分布函数的性质 2，有

$$P\{a<X<b\}=\Phi(b)-\Phi(a), \tag{2.26}$$

$$P\{X<b\}=\Phi(b), \tag{2.27}$$

$$P\{X>a\}=1-P\{X\leqslant a\}=1-\Phi(a). \tag{2.28}$$

（3）若 $X\sim N(\mu,\sigma^2)$，则 $Y=\dfrac{X-\mu}{\sigma}\sim N(0,1)$，故

$$P\{a<X<b\}=P\left\{\frac{a-\mu}{\sigma}<Y<\frac{b-\mu}{\sigma}\right\}=\Phi\left(\frac{b-\mu}{\sigma}\right)-\Phi\left(\frac{a-\mu}{\sigma}\right), \tag{2.29}$$

$$P\{X<b\}=P\left\{Y<\frac{b-\mu}{\sigma}\right\}=\Phi\left(\frac{b-\mu}{\sigma}\right), \tag{2.30}$$

$$P\{X>a\}=1-P\{X\leqslant a\}=1-P\left\{Y\leqslant\frac{a-\mu}{\sigma}\right\}=1-\Phi\left(\frac{a-\mu}{\sigma}\right). \tag{2.31}$$

例 5　已知 $X\sim N(0,1)$，试求 $P\{X\leqslant -3\}$，$P\{|X|<1.5\}$.

解　查附表 2 可得 $\Phi(3)=0.9987$，$\Phi(1.5)=0.9332$，故

$$P\{X\leqslant -3\}=\Phi(-3)=1-\Phi(3)=1-0.9987=0.0013,$$

$$\begin{aligned}P\{|X|<1.5\}&=P\{-1.5<X<1.5\}=\Phi(1.5)-\Phi(-1.5)=\Phi(1.5)-[1-\Phi(1.5)]\\&=2\Phi(1.5)-1=2\times 0.9332-1=0.8664.\end{aligned}$$

例 6　已知 $X\sim N(1,4)$，试求 $P\{5<X\leqslant 7.2\}$，$P\{0<X\leqslant 1.6\}$.

解　$P\{5<X\leqslant 7.2\}=P\left\{\dfrac{5-1}{2}<\dfrac{X-1}{2}\leqslant\dfrac{7.2-1}{2}\right\}=\Phi\left(\dfrac{7.2-1}{2}\right)-\Phi\left(\dfrac{5-1}{2}\right)$

$$=\Phi(3.1)-\Phi(2)=0.9990-0.9772=0.0218;$$

$$\begin{aligned}P\{0<X\leqslant 1.6\}&=P\left\{\frac{0-1}{2}<\frac{X-1}{2}\leqslant\frac{1.6-1}{2}\right\}=\Phi\left(\frac{1.6-1}{2}\right)-\Phi\left(\frac{0-1}{2}\right)\\&=\Phi(0.3)-\Phi(-0.5)=\Phi(0.3)-[1-\Phi(0.5)]\\&=0.6179-(1-0.6915)=0.3094.\end{aligned}$$

例 7　已知 $X\sim N(\mu,\sigma^2)$，试求 $P\{|X-\mu|<\sigma\}$，$P\{|X-\mu|<2\sigma\}$，$P\{|X-\mu|<3\sigma\}$.

解 （1）$P\{\mu-\sigma<X\leqslant\mu+\sigma\}=P\left\{-1<\dfrac{X-\mu}{\sigma}\leqslant 1\right\}=\Phi(1)-\Phi(-1)=2\Phi(1)-1$

$=0.6826$；

（2）$P\{\mu-2\sigma<X\leqslant\mu+2\sigma\}=\Phi(2)-\Phi(-2)=0.9544$；

（3）$P\{\mu-3\sigma<X\leqslant\mu+3\sigma\}=\Phi(3)-\Phi(-3)=0.9974$.

如图 2.12 所示，尽管正态随机变量 X 的取值范围是 $(-\infty,+\infty)$，但它的值几乎全部集中在 $(\mu-3\sigma,\mu+3\sigma)$ 区间内，超出这个范围的可能性仅占不到 0.3%. 这在统计学上称为 **“3σ 准则”（三倍标准差原则）**.

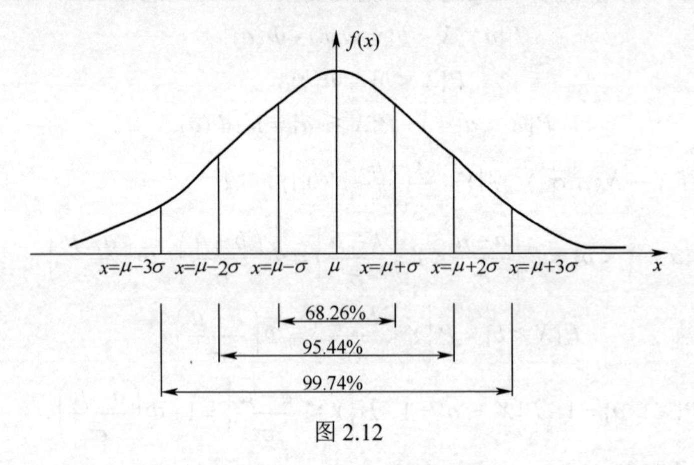

图 2.12

例 8 把温度调节器放入储存着某种液体的容器中，调节器的设定温度为 d . 已知液体的温度 T 是随机变量，且 $T\sim N(d,0.5^2)$.

（1）若 $d=90$ ℃，求 $T\leqslant 89$ ℃的概率；

（2）若要求保持液体的温度至少为 80℃的概率不少于 0.99，问 d 至少为多少摄氏度?

解 （1）所求的概率为

$$P\{T\leqslant 89\}=\Phi\left(\frac{89-90}{0.5}\right)=\Phi(-2)=1-\Phi(2)=1-0.9772=0.0228；$$

（2）根据题意，要求 d ，应使得 $P\{T\geqslant 80\}\geqslant 0.99$. 因为

$$P\{T\geqslant 80\}=1-P\{T<80\}=1-\Phi\left(\frac{80-d}{0.5}\right)\geqslant 0.99,$$

所以

$$\Phi\left(\frac{80-d}{0.5}\right)\leqslant 0.01 .$$

利用 0.99 反查附表 2，有 $\Phi(2.33)=0.9901$ ，即 $\Phi(-2.33)\leqslant 0.01$. 于是

$\frac{80-d}{0.5} \leqslant -2.33$，即 $d \geqslant 81.165$ 时，可得 $\Phi\left(\frac{80-d}{0.5}\right) \leqslant 0.01$．故设定温度 d 至少为 81.165℃．

在例 8 的求解中，给定一个概率的值，然后求出随机变量的一个取值区间，使得随机变量的取值落在这个区间上的概率等于给定值.

定义 5　一般地，给定实数 α（$0<\alpha<1$），若存在实数 x_α，使得

$$P\{X > x_\alpha\} = \alpha,$$

则称 x_α 为随机变量 X 的**上 α 分位点**.

若随机变量 $X \sim N(0,1)$，记 X 的上 α 分位点为 u_α，由图 2.13 可知，u_α 可用等式 $\Phi(u_\alpha)=1-\alpha$ 反查附表 2 得到．如 $\alpha=0.05$，则由 $\Phi(1.65)=0.95=1-0.05$，知 $u_{0.05}=1.65$，即 $P\{X>u_{0.05}\}=P\{X>1.65\}=0.05$．

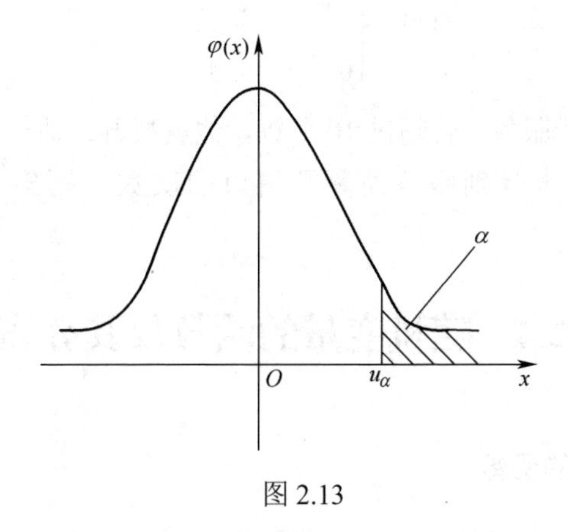

图 2.13

习题 2.3

1．设随机变量 X 的分布函数为

$$F(x)=\begin{cases}1, & x<0;\\ Ax^2, & 0 \leqslant x \leqslant 1;\\ 1, & x \geqslant 1.\end{cases}$$

求：（1）A 的值；（2）X 落在 $\left(-1,\frac{1}{2}\right)$ 及 $\left(\frac{1}{3},2\right)$ 内的概率；（3）X 的概率密度.

2．某加工过程，若采用甲工艺条件，则完成时间 $X \sim N(40,8^2)$；若采用乙工艺条件，则完成时间 $X \sim N(50,4^2)$，X 的单位为 h。（1）若要求在 60 小时内完成，应选何种工艺条件？（2）若要求在 50 小时内完成，应选何种工艺条件？

3．设随机变量 X 的概率密度是

$$f(x)=\begin{cases}3(x-2)^2, & a<x<3;\\ 0, & 其他.\end{cases}$$

求：（1）常数 a；（2）$P\{X<2.5\}$．

4．设随机变量 X 服从正态分布 $N(3,4)$，试求：

（1）$P\{2<X\leqslant 5\}$；

（2）$P\{-2<X<7\}$；

（3）确定 C，使得 $P\{X>C\}=P\{X\leqslant C\}$．

5．设顾客在某银行的窗口等待服务的时间 X（单位：分钟）服从指数分布，其概率密度为

$$f(x)=\begin{cases}\dfrac{1}{5}\mathrm{e}^{-\frac{x}{5}}, & x>0;\\ 0, & 其他.\end{cases}$$

某顾客在窗口等待服务，若超过 10 分钟，他就离开．他一个月要到银行 5 次．以 Y 表示一个月内他未等到服务而离开窗口的次数．写出 Y 的分布律，并求 $P\{Y\geqslant 1\}$．

§2.4 随机变量的函数及其分布

2.4.1 随机变量的函数

定义 如果存在一个函数 $g(x)$，使得随机变量 X、Y 满足：$Y=g(X)$，则称随机变量 Y 是**随机变量 X 的函数**．

在实际中，经常需要讨论随机变量的函数的分布．例如，在测量圆轴的截面面积时，往往只能测量出圆轴的直径 D，然后由函数 $S=\pi D^2/4$ 得到面积的值．因此需要讨论，如何由已知的随机变量的分布，去求得这个随机变量函数的分布．

2.4.2 离散型随机变量函数的分布

设离散型随机变量 X 的分布律为

X	x_1	x_2	…	x_n	…
$p(x_i)$	$p(x_1)$	$p(x_2)$	…	$p(x_n)$	…

为了求随机变量 $Y=g(X)$ 的分布律，应当先写出下面的表：

Y	$y_1=g(x_1)$	$y_2=g(x_2)$	$\cdots$	$y_n=g(x_n)$	$\cdots$
$p(x_i)$	$p(x_1)$	$p(x_2)$	$\cdots$	$p(x_n)$	$\cdots$

如果 $y_1, y_2, \cdots, y_n, \cdots$ 的值全不相等，则上表就是随机变量 Y 的分布律；如果 $y_1, y_2, \cdots, y_n, \cdots$ 的值中有相等的，则把那些相等的值分别合并起来，并根据概率加法定理把对应的概率相加，方能得到随机变量 Y 的分布律.

例 1　设随机变量 X 的分布律为

X	-1	0	1	2
$p(x_i)$	0.2	0.3	0.1	0.4

试求：

（1）$Y_1=-2X$ 的分布律；

（2）$Y_2=(X-1)^2$ 的分布律.

解　（1）先写出下面的表：

$Y_1=-2X$	2	0	-2	-4
$P\{Y_1=y_i\}$	0.2	0.3	0.1	0.4

在分布律表中，通常把随机变量的可能值由小到大顺序排列，所以整理得随机变量 Y_1 的分布律为

$Y_1=-2X$	-4	-2	0	2
$p(y_j)$	0.4	0.1	0.3	0.2

（2）先写出下面的表：

$Y_2=(X-1)^2$	4	1	0	1
$P\{Y_2=y_i\}$	0.2	0.3	0.1	0.4

把 $Y_2=1$ 的两个概率相加，整理得随机变量 Y_2 的分布律为

Y_2	0	1	4
$p(y_j)$	0.1	0.7	0.2

2.4.3　连续型随机变量函数的分布

设随机变量 X 的概率密度为 $f_X(x)$，$-\infty<x<+\infty$，则随机变量 $Y=g(X)$ 的分

布函数为

$$F_Y(y)=P\{Y\leqslant y\}=P\{g(X)\leqslant y\}=P\{X\in C_y\},$$

其中 $C_y=\{X\mid g(X)\leqslant y\}$．而 $P\{X\in C_y\}$ 常可由 X 的概率密度 $f_X(x)$ 的积分来表达

$$F_Y(y)=P\{X\in C_y\}=\int_{C_y}f_X(x)\mathrm{d}x, \tag{2.32}$$

随机变量 $Y=g(X)$ 的概率密度可由 $f_Y(y)=\dfrac{\mathrm{d}F_Y(y)}{\mathrm{d}y}$ 得到．

例 2　设随机变量 X 的概率密度为

$$f_X(x)=\begin{cases}\dfrac{x}{8}, & 0\leqslant x<4;\\ 0, & \text{其他}.\end{cases}$$

试求随机变量 $Y=2X+8$ 的概率密度．

解　因为随机变量 $Y=2X+8$ 的分布函数为

$$F_Y(y)=P\{Y\leqslant y\}=P\{2X+8\leqslant y\}=P\left(X\leqslant\frac{y-8}{2}\right)=\int_{-\infty}^{\frac{y-8}{2}}f_X(x)\mathrm{d}x=F_X\left(\frac{y-8}{2}\right),$$

所以 Y 的概率密度为

$$\begin{aligned}f_Y(y)=F_Y'(y)&=f_X\left(\frac{y-8}{2}\right)\left(\frac{y-8}{2}\right)'\\&=\begin{cases}\dfrac{1}{8}\left(\dfrac{y-8}{2}\right)\times\dfrac{1}{2}, & 0<\dfrac{y-8}{2}<4;\\ 0, & \text{其他}.\end{cases}\\&=\begin{cases}\dfrac{y-8}{32}, & 8<y<16;\\ 0, & \text{其他}.\end{cases}\end{aligned}$$

类似可证如下结论：设 $X\sim N(\mu,\sigma^2)$，则

（1）$Y=a+bX\sim N(a+b\mu,b^2\sigma^2)$；

（2）$X^*=\dfrac{X-\mu}{\sigma}\sim N(0,1)$．

例 3　设随机变量 X 的概率密度为

$$f_X(x)=\begin{cases}\dfrac{2x}{\pi^2}, & 0<x<\pi;\\ 0, & \text{其他}.\end{cases}$$

试求随机变量 $Y=\sin X$ 的概率密度．

解　因为随机变量 $Y=\sin X$ 的全部可能取值在区间[0,1]上，所以 Y 的分布函数为

当 $y\leqslant 0$ 时，$F_Y(y)=P\{Y\leqslant y\}=0$；

当 $y \geqslant 1$ 时，$F_Y(y)=P\{Y \leqslant y\}=1$；

当 $0<y<1$ 时，$F_Y(y)=P\{Y \leqslant y\}=P\{\sin X \leqslant y\}$．因为当 $0<X<\pi$ 时，满足不等式 $\sin X \leqslant y$ 的 X 有 $0<X<\arcsin y$ 和 $(\pi-\arcsin y)<X<\pi$（图 2.14），若记 $x_1=\arcsin y$，$x_2=\pi-\arcsin y$，则 Y 的分布函数为

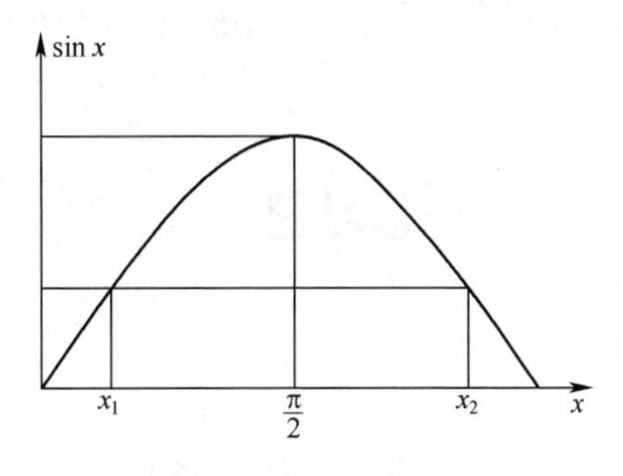

图 2.14

$$F_Y(y)=P\{\sin X \leqslant y\}=P\{0<X<x_1\}+P\{x_2<X<\pi\}=\int_0^{x_1} f_X(x)\mathrm{d}x+\int_{x_2}^{\pi} f_X(x)\mathrm{d}x,$$

其中 $x_1=\arcsin y$，$x_2=\pi-\arcsin y$，所以 $Y=\sin X$ 的概率密度为

$$f_Y(y)=\frac{\mathrm{d}F_Y(y)}{\mathrm{d}y}=\begin{cases} f_X(x_1)\dfrac{\mathrm{d}x_1}{\mathrm{d}y}-f_X(x_2)\dfrac{\mathrm{d}x_2}{\mathrm{d}y}, & 0<y<1; \\ 0, & \text{其他}. \end{cases}$$

又因为

$$f_X(x_1)\frac{\mathrm{d}x_1}{\mathrm{d}y}-f_X(x_2)\frac{\mathrm{d}x_2}{\mathrm{d}y}=\frac{2\arcsin y}{\pi^2\sqrt{1-y^2}}+\frac{2(\pi-\arcsin y)}{\pi^2\sqrt{1-y^2}}=\frac{2}{\pi\sqrt{1-y^2}},$$

所以随机变量 Y 的概率密度为

$$f_Y(y)=\begin{cases} \dfrac{2}{\pi\sqrt{1-y^2}}, & 0<y<1; \\ 0, & \text{其他}. \end{cases}$$

习题 2.4

1．已知 X 的分布律为

X	-2	-1	0	1	2	3
$p(x_i)$	$2a$	0.1	$3a$	a	a	$2a$

试求：（1）常数 a；（2）$Y=X^2-1$ 的分布律．

2. 设随机变量 X 在区间 $[a,b]$ 上服从均匀分布，求随机变量 $Y=cX+d$（$c>0$）的概率密度.

3. 设随机变量 $X\sim N(0,1)$，求随机变量 $Y=2X^2+1$ 的概率密度.

4. 设随机变量 X 的密度函数为 $f_X(x)=\begin{cases}\lambda \mathrm{e}^{-\lambda x}, & x>0;\\ 0, & x\leqslant 0.\end{cases}$，$\lambda>0$，求 $Y=\mathrm{e}^X$ 的概率密度 $f_Y(y)$.

总习题二

2.1 设 X 的分布函数为

$$F(x)=\begin{cases}0, & x<0;\\ x/2, & 0\leqslant x<1;\\ x-1/2, & 1\leqslant x<1.5;\\ 1, & x\geqslant 1.5.\end{cases}$$

求 $P\{0.4<X\leqslant 1.3\}$，$P\{X>0.5\}$，$P\{1.7<X\leqslant 2\}$.

2.2 设随机变量 X 的分布函数为

$$F(x)=\begin{cases}A+B\mathrm{e}^{-x}, & x>0;\\ 0, & x\leqslant 0.\end{cases}$$

求常数 A、B 及概率 $P\{|X|<2\}$.

2.3 一袋中装有 5 张卡片，编号为 1、2、3、4、5. 在袋中同时取 3 张卡片，以 X 表示取出的 3 张卡片中最大号码，写出随机变量 X 的分布律.

2.4 （1）设随机变量 X 的分布律为

$$P\{X=k\}=\frac{a}{N},\ k=1,2,\cdots,N.$$

试确定常数 a.

（2）设随机变量 X 的分布律为

$$P\{X=k\}=a\frac{\lambda^k}{k!},\ k=0,1,2,\cdots,$$

其中，$\lambda>0$ 是已知的常数，试确定常数 a.

2.5 随机变量 X 的分布律为

X	-1	0	1
$p(x_i)$	$\frac{1}{3}$	$\frac{1}{6}$	$\frac{1}{2}$

求 X 的分布函数.

2.6　设随机变量 $X \sim B(2,p)$，$Y \sim B(3,p)$，若 $P\{X \geqslant 1\} = \frac{5}{9}$，求 $P\{Y \geqslant 1\}$.

2.7　设随机变量 X 服从泊松分布，且已知 $P\{X=1\} = P\{X=2\}$，求 $P\{X=4\}$.

2.8　设连续随机变量 X 的分布函数为

$$F(X) = \frac{1}{2} + \frac{1}{\pi}\arctan x, \quad -\infty < x < +\infty$$

求：（1）$P\{-1 \leqslant X \leqslant 1\}$；（2）概率密度 $f(x)$.

2.9　设随机变量 X 的概率密度为

$$f(x) = \begin{cases} c+x, & -1 \leqslant x \leqslant 0; \\ c-x, & 0 \leqslant x \leqslant 1; \\ 0, & |x| > 1. \end{cases}$$

求：（1）常数 c；（2）概率 $P\{|X| \leqslant 0.5\}$；（3）分布函数 $F(x)$.

2.10　设公共汽车站每隔 10 分钟有一辆汽车通过，乘客在 10 分钟内任意一时刻到达汽车站是等可能的，求乘客候车时间不超过 7 分钟的概率.

2.11　设随机变量 X 在 $(0,5)$ 内服从均匀分布，求方程

$$\lambda^2 + 2\lambda X + 4X - 3 = 0$$

有实根的概率.

2.12　设 $X \sim N(0,1)$，求 $P\{X>1\}$，$P\{-1<X<2\}$，$P\{|X|<1.5\}$，$P\{|X|>2\}$.

2.13　设 $X \sim N(2,4)$，求 $P\{X \leqslant 1\}$，$P\{|X|<3\}$.

2.14　设随机变量 $X \sim N(\mu,4^2)$，$Y \sim N(\mu,5^2)$；记 $p_1 = P\{X \leqslant \mu-4\}$，$p_2 = P\{Y \geqslant \mu+5\}$，试证对任意实数 μ，均有 $p_1 = p_2$.

2.15　设随机变量 X 的分布律为

X	-2	-1	1	2
$p(x_i)$	0.1	0.3	0.2	0.4

求 $Y = X^2$ 的分布律.

2.16　设随机变量 X 的概率密度为

$$f(x) = \begin{cases} 2x, & 0 \leqslant x \leqslant 1; \\ 0, & \text{其他}. \end{cases}$$

求随机变量 $Y = 1+2X$ 的概率密度.

2.17　设随机变量 X 在区间 $[1,2]$ 上服从均匀分布，求随机变量 $Y = \mathrm{e}^{2X}$ 的概率密度.

第3章　二维随机变量及其分布

本章学习目标

上一章我们讨论的都是一维随机变量，然而在实际问题中，某些随机试验的结果往往需要同时使用两个或两个以上的随机变量来描述. 例如，在研究某一地区学龄前儿童的身体发育情况时，身高和体重等都是需要考察的重要因素. 又如，考虑飞机在飞行过程中的空间位置时，需要同时知道经度、纬度和地面高度. 本章只讨论二维随机变量及其分布，n维随机变量的情况可进一步推广得到.

本章是把一维随机变量的有关概念、性质和计算推广到二维随机变量的情形. 先介绍二维随机变量及其分布、边缘分布，然后介绍随机变量独立性的判断方法，最后介绍二维随机变量函数的分布. 通过本章的学习，重点掌握以下内容:

- 二维随机变量的联合分布函数
- 二维离散型随机变量的联合分布律
- 二维连续型随机变量的联合概率密度
- 二维随机变量的边缘分布、独立性
- 两个随机变量的和与最值的分布

§ 3.1　二维随机变量

3.1.1　二维随机变量的概念

定义 1　一般地，设E是一个随机试验，它的样本空间$\Omega=\{\omega\}$，设$X=X(\omega)$和$Y=Y(\omega)$是定义在Ω上的随机变量，由它们构成的向量(X,Y)叫作**二维随机变量**或**二元随机变量**.

二维随机变量(X,Y)的性质不仅与X、Y有关，而且还依赖于它们之间的关系，因此需要将(X,Y)作为一个整体进行研究.

3.1.2　二维随机变量的分布函数

定义 2　设 (X,Y) 是二维随机变量，对于任意实数 x,y，二元函数

$$F(x,y)=P\{X\leqslant x,Y\leqslant y\} \tag{3.1}$$

称为二维随机变量 (X,Y) 的**分布函数**，或 X 和 Y 的**联合分布函数**.

如果将二维随机变量 (X,Y) 看成是平面上随机点的坐标，那么，分布函数 $F(x,y)$ 就是随机点 (X,Y) 落在以点 (x,y) 为顶点的左下方的无穷矩形区域内（图 3.1）的概率.

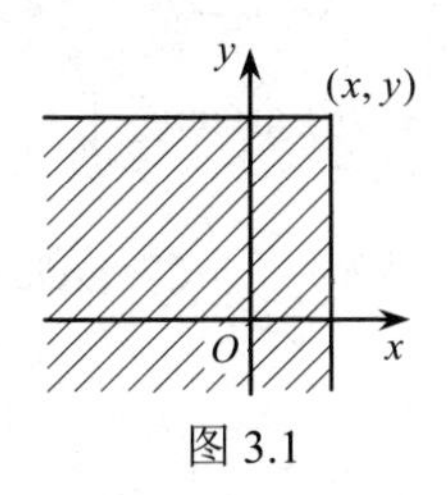

图 3.1

进而，如图 3.2 所示，随机点 (X,Y) 落在矩形区域 $\{x_1<X\leqslant x_2,y_1<Y\leqslant y_2\}$ 的概率为

$$P\{x_1<X\leqslant x_2,y_1<Y\leqslant y_2\}=F(x_2,y_2)-F(x_2,y_1)-F(x_1,y_2)+F(x_1,y_1) \tag{3.2}$$

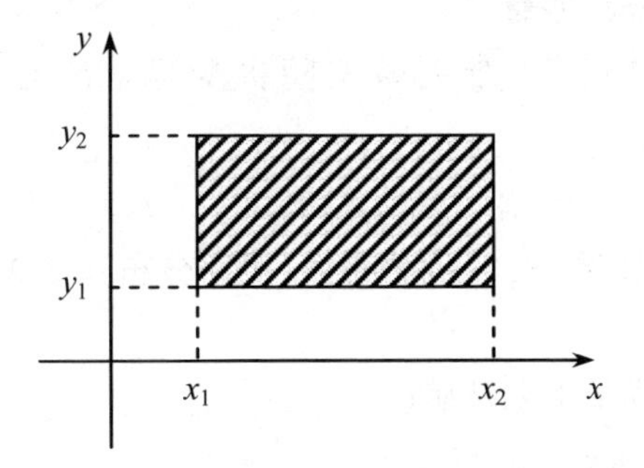

图 3.2

类似于一维随机变量，我们很容易得到二维随机变量的分布函数 $F(x,y)$ 的基本性质，有以下 3 点：

（1）对任意的实数 x,y，有 $0\leqslant F(x,y)\leqslant 1$，且对于任意固定的 y，$F(-\infty,y)=0$；对于任意固定的 x，$F(x,-\infty)=0$；$F(-\infty,-\infty)=0,F(+\infty,+\infty)=1$.

（2）$F(x,y)$ 分别是变量 x 和 y 的不减函数，即

对于任意固定的 y，当 $x_2>x_1$ 时，$F(x_2,y)\geqslant F(x_1,y)$；对于任意固定的 x，当 $y_2>y_1$ 时，$F(x,y_2)\geqslant F(x,y_1)$.

（3）$F(x,y)$ 关于 x 或 y 是右连续函数，即

$$F(x,y)=F(x+0,y),\quad F(x,y)=F(x,y+0).$$

例 1 二维随机变量 (X,Y) 的分布函数为

$$F(x,y)=A\left(B+\arctan\frac{x}{2}\right)\left(C+\arctan\frac{y}{2}\right),$$

求系数 A、B 及 C.

解 由分布函数的性质得

$$\begin{cases} F(+\infty,\ +\infty)=A\left(B+\dfrac{\pi}{2}\right)\left(C+\dfrac{\pi}{2}\right)=1, \\ F(x,\ -\infty)=A\left(B+\arctan\dfrac{x}{2}\right)\left(C-\dfrac{\pi}{2}\right)=0, \\ F(x,\ -\infty)=A\left(B-\dfrac{\pi}{2}\right)\left(C+\arctan\dfrac{y}{2}\right)=0, \end{cases}$$

解得 $A=\dfrac{1}{\pi^2}$，$B=C=\dfrac{\pi}{2}$.

3.1.3 二维离散型随机变量及其分布律

定义 3 如果二维随机变量 (X,Y) 全部可能取值是有限对或可列无限对，则称 (X,Y) 为**二维离散型随机变量**.

定义 4 设 (X,Y) 为二维离散型随机变量，所有可能取值为 (x_i,y_j)，$i,j=1,2,\cdots,n,\cdots$，则

$$P\{X=x_i,Y=y_j\}=p(x_i,y_j),\quad i,\ j=1,2,\cdots,n,\cdots,\tag{3.3}$$

称为**二维离散型随机变量** (X,Y) **的分布律（概率分布）**，或 X 和 Y 的**联合分布律（联合概率分布）**.

易知，$p(x_i,y_j)$ 满足下列性质：

（1）（非负性）$p(x_i,y_j)\geqslant 0$；

（2）（规范性）$\sum\limits_{i=1}^{+\infty}\sum\limits_{j=1}^{+\infty}p(x_i,y_j)=1$.

(X,Y) 的分布律表示如下：

X	Y				
	y_1	y_2	$\cdots$	y_n	$\cdots$
x_1	$p(x_1,y_1)$	$p(x_1,y_2)$	$\cdots$	$p(x_1,y_n)$	$\cdots$
x_2	$p(x_2,y_1)$	$p(x_2,y_2)$	$\cdots$	$p(x_2,y_n)$	$\cdots$

续表

X	Y				
	y_1	y_2	$\cdots$	y_n	$\cdots$
$\vdots$	$\vdots$	$\vdots$		$\vdots$	
x_m	$p(x_m,y_1)$	$p(x_m,y_2)$	$\cdots$	$p(x_m,y_n)$	$\cdots$
$\vdots$	$\vdots$	$\vdots$		$\vdots$	$\cdots$

二维离散型随机变量 (X,Y) 的分布函数为

$$F(x,y)=\sum_{x_i\leqslant x}\sum_{y_j\leqslant y}p(x_i,y_j)\ , \tag{3.4}$$

其中和式是对一切满足 $x_i\leqslant x, y_j\leqslant y$ 的 $p(x_i,y_j)$ 求和.

例 2　把两个球随机投入 3 个盒子中去，每个球投入各个盒子的可能性是相同的，设随机变量 X、Y 分别表示投入第一个及第二个盒子中的球数，试求 (X,Y) 的分布律.

解　$\{X=i,Y=j\}$ 的取值情况为：$i,j=0,1,2$.

易得，$P\{X=1,Y=2\}=P\{X=2,Y=1\}=P\{X=2,Y=2\}=0$，

$P\{X=0,Y=0\}=P\{X=2,Y=0\}=P\{X=0,Y=2\}=\dfrac{1}{9}$，

$P\{X=1,Y=1\}=P\{X=1,Y=0\}=P\{X=0,Y=1\}=\dfrac{2}{9}$.

故 (X,Y) 的分布律为

X	Y		
	0	1	2
0	$\frac{1}{9}$	$\frac{2}{9}$	$\frac{1}{9}$
1	$\frac{2}{9}$	$\frac{2}{9}$	0
2	$\frac{1}{9}$	0	0

3.1.4　二维连续型随机变量及其概率密度

定义 5　设二维随机变量 (X,Y) 的分布函数为 $F(x,y)$，如果存在非负函数 $f(x,y)$，使得对于任意 x,y，有

$$F(x,y)=\int_{-\infty}^{y}\int_{-\infty}^{x}f(u,v)\mathrm{d}u\mathrm{d}v\ , \tag{3.5}$$

则称(X,Y)是**二维连续型随机变量**，函数$f(x,y)$称为二维随机变量(X,Y)的**概率密度**，或X和Y的**联合概率密度**.

概率密度$f(x,y)$具有以下性质：

（1）
$$f(x,y)\geqslant 0.$$

（2）
$$\int_{-\infty}^{+\infty}\int_{-\infty}^{+\infty} f(x,y)\mathrm{d}x\mathrm{d}y=1. \tag{3.6}$$

（3）设G是xOy平面上的区域，则(X,Y)落在G内的概率为
$$P\{(X,Y)\in G\}=\iint\limits_{G} f(x,y)\mathrm{d}x\mathrm{d}y. \tag{3.7}$$

（4）若$f(x,y)$在点(x,y)处连续，则有
$$\frac{\partial^2 F(x,y)}{\partial x\partial y}=f(x,y) \tag{3.8}$$

例3 设二维随机变量(X,Y)的概率密度为
$$f(x,y)=\begin{cases} A\mathrm{e}^{-(2x+3y)}, & x>0,y>0; \\ 0, & \text{其他}. \end{cases}$$
求：（1）常数A；（2）$P\{X+Y\leqslant 1\}$.

解 （1）由于
$$\int_{-\infty}^{+\infty}\int_{-\infty}^{+\infty} f(x,y)\mathrm{d}x\mathrm{d}y=A\int_0^{+\infty}\int_0^{+\infty}\mathrm{e}^{-(2x+3y)}\mathrm{d}x\mathrm{d}y=A\int_0^{+\infty}\mathrm{e}^{-2x}\mathrm{d}x\int_0^{+\infty}\mathrm{e}^{-3y}\mathrm{d}y$$
$$=A\int_0^{+\infty}\mathrm{e}^{-2x}\mathrm{d}x\left(-\frac{1}{3}\mathrm{e}^{-3y}\right)\Bigg|_{y=0}^{y=+\infty}=\frac{1}{3}A\int_0^{+\infty}\mathrm{e}^{-2x}\mathrm{d}x=\frac{A}{6}=1.$$

因此$A=6$.

（2）如图3.3所示，有
$$P\{X+Y\leqslant 1\}=\iint\limits_{x+y\leqslant 1} f(x,y)\mathrm{d}x\mathrm{d}y=\int_0^1\mathrm{d}x\int_0^{1-x}6\mathrm{e}^{-(2x+3y)}\mathrm{d}y=\int_0^1 2\mathrm{e}^{-2x}\mathrm{d}x\int_0^{1-x}3\mathrm{e}^{-3y}\mathrm{d}y$$
$$=2\int_0^1\mathrm{e}^{-2x}\mathrm{d}x(-\mathrm{e}^{-3y})\Big|_{y=0}^{y=1-x}=2\int_0^1\mathrm{e}^{-2x}(1-\mathrm{e}^{-3(1-x)})\mathrm{d}x=1+2\mathrm{e}^{-3}-3\mathrm{e}^{-2}.$$

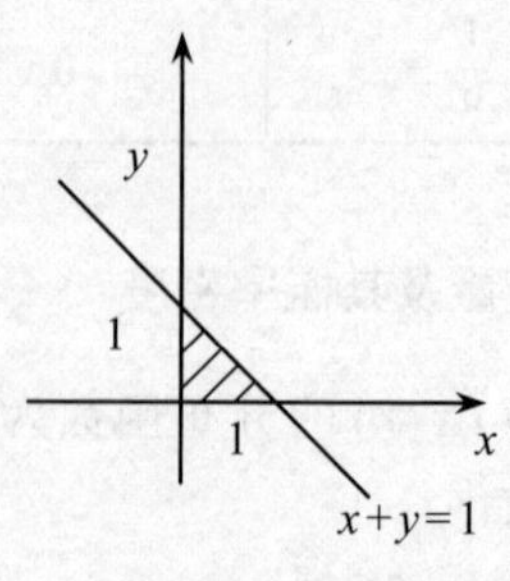

图3.3

3.1.5　两个重要的二维分布

1. 二维均匀分布

定义 6　设 D 是平面上的一个有界区域，其面积为 S_D，若二维随机变量（X，Y）的概率密度为

$$f(x,y)=\begin{cases}\dfrac{1}{S_D}, & (x,y)\in D;\\ 0, & (x,y)\notin D.\end{cases}$$

则称二维随机变量（X，Y）在区域 D 上服从**均匀分布**.

若 (X, Y) 在有界区域 D（面积为 A）上服从均匀分布，D_1 为 D 中的任一子区域，面积为 A_1，则由上式知

$$P\{(X,Y)\in D_1\}=\iint_{D_1} f(x,y)\mathrm{d}x\mathrm{d}y=\iint_{D_1}\frac{1}{A}\mathrm{d}x\mathrm{d}y=\frac{A_1}{A}.$$

即 (X, Y) 落在子区域 D_1 中的概率与 D_1 的面积成正比，而与 D_1 在 D 中的位置和形状无关.

2. 二维正态分布

定义 7　设二维随机变量 (X,Y) 的概率密度为

$$f(x,y)=\frac{1}{2\pi\sigma_x\sigma_y\sqrt{1-r^2}}\mathrm{e}^{-\frac{1}{2(1-r^2)}\left[\frac{(x-\mu_x)^2}{\sigma_x^2}-\frac{2r(x-\mu_x)(y-\mu_y)}{\sigma_x\sigma_y}+\frac{(y-\mu_y)^2}{\sigma_y^2}\right]},\qquad(3.9)$$

式中，$\mu_x,\mu_y,\sigma_x>0,\sigma_y>0,r(|r|<1)$ 是分布参数，则称 (X,Y) 服从参数为 $\mu_x,\mu_y,\sigma_x,\sigma_y,r$ 的**二维正态分布**，记为 $N(\mu_x,\mu_y;\sigma_x^2,\sigma_y^2;r)$.

习题 3.1

1．一箱子装有 100 件产品，其中一、二、三等品分别为 80 件、10 件、10 件。从中随机抽取 1 件，记

$$X_1=\begin{cases}1, \text{若抽到一等品}\\ 0, \text{其他}\end{cases},\quad X_2=\begin{cases}1, \text{若抽到二等品}\\ 0, \text{其他}\end{cases}$$

试求 (X,Y) 的分布律.

2．设随机变量 (X,Y) 的概率密度为

$$f(x,y)=\begin{cases}k(6-x-y), & 0<x<2, 2<y<4;\\ 0, & \text{其他}.\end{cases}$$

（1）确定常数k；（2）求$P\{X<1,Y<3\}$；

（3）求$P\{X<1.5\}$；（4）求$P\{X+Y\leqslant 4\}$.

3．设二维随机变量（X，Y）的概率密度为

$$f(x,y)=\begin{cases}A\mathrm{e}^{-(2x+y)}, & x>0,y>0;\\ 0, & \text{其他}.\end{cases}$$

求：（1）A；（2）分布函数$F(x,y)$；（3）$P\{X\leqslant Y\}$.

§ 3.2 二维随机变量的边缘分布

3.2.1 二维随机变量的边缘分布函数

对于二维随机变量(X,Y)，我们也可以对其中的任何一个变量X或Y进行个别研究，而不管另一个变量取什么值，这样得到的随机变量X或Y的分布律叫作二维随机变量(X,Y)的边缘分布律.

定义 1 在二维随机变量(X,Y)中，随机变量X和Y各自的分布函数称为(X,Y)**关于**X**和**Y**的边缘分布函数，记为**$F_X(x)$，$F_Y(y)$.

边缘分布函数可以由(X,Y)的分布函数$F(x,y)$确定，

事实上，$F_X(x)=P\{X\leqslant x\}=P\{X\leqslant x,Y<+\infty\}=F(x,+\infty)$，即

$$F_X(x)=F(x,+\infty)$$

也就是说，只要在函数$F(x,y)$中令$y\to+\infty$就能得到$F_X(x)$.

同理可得

$$F_Y(y)=F(+\infty,y).$$

3.2.2 二维离散型随机变量的边缘分布

若(X,Y)是二维离散型随机变量，则X、Y都是一维离散型随机变量.

定义 2 设二维离散型随机变量(X,Y)的分布律为

$$P\{X=x_i,Y=y_j\}=p(x_i,y_j)，\quad i,j=1,2,\cdots,$$

则

$$P\{X=x_i\}=\sum_{j=1}^{+\infty}p(x_i,y_j)\triangleq p_X(x_i)，\ i=1,2,\cdots. \tag{3.10}$$

$$P\{Y=y_j\}=\sum_{i=1}^{+\infty}p(x_i,y_j)\triangleq p_Y(y_j)，\ j=1,2,\cdots. \tag{3.11}$$

分别称$p_X(x_i),p_Y(y_j)$（$i,j=1,2,\cdots$）**为随机变量**(X,Y)**关于**X**与**Y**的边缘分布律.**

注　随机变量(X,Y)关于X与Y的边缘分布律本质上就是X、Y的分布律。

显然，$p_X(x_i)$（$i=1,2,\cdots$）就是二维离散型随机变量(X,Y)的分布律中第i行的各概率的和，$p_Y(y_j)$（$j=1,2,\cdots$）则是第j列的各概率的和，如下表所示：

X	Y					
	y_1	y_2	$\cdots$	y_n	$\cdots$	$\sum_j$
x_1	$p(x_1,y_1)$	$p(x_1,y_2)$	$\cdots$	$p(x_1,y_n)$	$\cdots$	$p_X(x_1)$
x_2	$p(x_2,y_1)$	$p(x_2,y_2)$	$\cdots$	$p(x_2,y_n)$	$\cdots$	$p_X(x_2)$
$\vdots$	$\vdots$	$\vdots$		$\vdots$		$\vdots$
x_m	$p(x_m,y_1)$	$p(x_m,y_2)$	$\cdots$	$p(x_m,y_n)$	$\cdots$	$p_X(x_m)$
$\vdots$	$\vdots$	$\vdots$		$\vdots$		$\vdots$
$\sum_i$	$p_Y(y_1)$	$p_Y(y_2)$	$\cdots$	$p_Y(y_n)$	$\cdots$	1

例 1　设二维离散型随机变量(X,Y)的分布律为

X	Y		
	0	1	3
-1	$\frac{1}{6}$	$\frac{1}{4}$	$\frac{1}{12}$
1	$\frac{1}{6}$	0	0
2	$\frac{1}{12}$	0	$\frac{1}{4}$

求(X,Y)关于X与Y的边缘分布律.

解　X的边缘分布律为

X	-1	1	2
P	$\frac{1}{2}$	$\frac{1}{6}$	$\frac{1}{3}$

Y的边缘分布律为

Y	0	1	3
P	$\frac{5}{12}$	$\frac{1}{4}$	$\frac{1}{3}$

3.2.3 二维连续型随机变量的边缘分布

设二维连续型随机变量(X,Y)的分布函数为$F(x,y)$，概率密度为$f(x,y)$，则

$$F_X(x)=P\{X\leqslant x\}=P\{X\leqslant x,Y<+\infty\}=F(x,+\infty)=\int_{-\infty}^{x}\int_{-\infty}^{+\infty}f(u,y)\mathrm{d}y\mathrm{d}u$$

若令$f_X(x)=\int_{-\infty}^{+\infty}f(x,y)\mathrm{d}y$，则$f_X(x)\geqslant 0$，且$F_X(x)=\int_{-\infty}^{x}f_X(u)\mathrm{d}u$.

因此，随机变量X是一维连续型随机变量，其概率密度为

$$f_X(x)=\int_{-\infty}^{+\infty}f(x,y)\mathrm{d}y \tag{3.12}$$

同理可得，随机变量Y也是一维连续型随机变量，其概率密度为

$$f_Y(y)=\int_{-\infty}^{+\infty}f(x,y)\mathrm{d}x \tag{3.13}$$

分别称$f_X(x)$、$f_Y(y)$为**随机变量(X,Y)关于X与Y的边缘概率密度**.

注 随机变量(X,Y)关于X与Y的边缘概率密度本质上就是X、Y的概率密度。

例 2 设二维随机变量(X,Y)在区域$G=\{(x,y)\mid 0\leqslant x\leqslant 1,x^2\leqslant y\leqslant x\}$服从均匀分布，求$(X,Y)$关于$X$和$Y$的边缘概率密度$f_X(x)$和$f_Y(y)$.

解 如图 3.4 所示，(X,Y)的概率密度为

$$f(x,y)=\begin{cases}\dfrac{1}{S(G)}=6, & 0\leqslant x\leqslant 1,\ x^2\leqslant y\leqslant x;\\ 0, & \text{其他}.\end{cases}$$

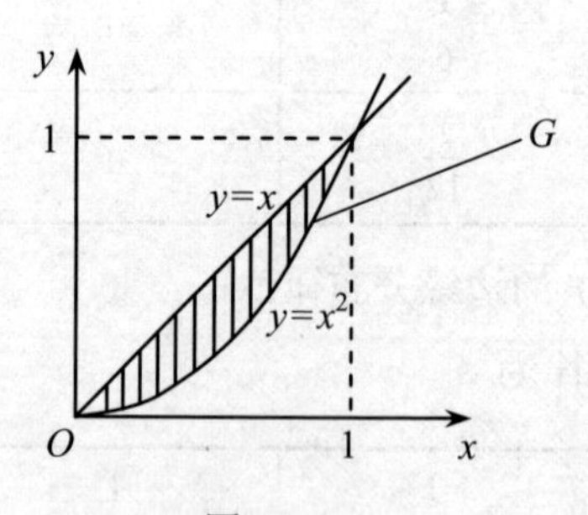

图 3.4

$$f_X(x)=\int_{-\infty}^{+\infty}f(x,y)\mathrm{d}y=\begin{cases}\int_{x^2}^{x}6\mathrm{d}y=6(x-x^2), & 0\leqslant x\leqslant 1;\\ 0, & \text{其他}.\end{cases}$$

$$f_Y(y)=\int_{-\infty}^{+\infty}f(x,y)\mathrm{d}x=\begin{cases}\int_{y}^{\sqrt{y}}6\mathrm{d}x=6\left(\sqrt{y}-y\right), & 0\leqslant y\leqslant 1;\\ 0, & \text{其他}.\end{cases}$$

习题 3.2

1. 下表列出了二维随机变量(X, Y)的分布律及关于X和Y的边缘分布律中的部分数值，试将其余值填入表中的空白处.

X	Y			$P\{X=x_i\}$
	y_1	y_2	y_3	
x_1	$\frac{1}{24}$		$\frac{1}{12}$	$\frac{1}{4}$
x_2		$\frac{3}{8}$	$\frac{1}{4}$	
$P\{Y=y_i\}$				

2．设二维随机变量(X, Y)的分布函数为

$$F(x,y)=\frac{1}{\pi^2}\left(\frac{\pi}{2}+\arctan\frac{x}{2}\right)\left(\frac{\pi}{2}+\arctan\frac{y}{3}\right),$$

求：（1）X的边缘分布函数；（2）Y的边缘概率密度.

3．已知二维连续型随机变量(X,Y)的概率密度为

$$f(x,y)=\begin{cases}4.8y(2-x), & 0\leqslant x\leqslant 1, 0\leqslant y\leqslant x;\\ 0, & \text{其他}.\end{cases}$$

求边缘概率密度.

§ 3.3　随机变量的独立性

一般地，二维随机变量(X,Y)的两个变量X与Y之间存在着某种联系，一个变量的取值可能会影响另一个变量的取值情况. 但是，我们也常常遇到二者的取值情况完全互不影响的情况，这就是两个随机变量的独立性.

定义　设$F(x,y)$及$F_X(x)$、$F_Y(y)$分别是二维随机变量(X,Y)的分布函数及边缘分布函数，若对于所有的x、y，有

$$P\{X\leqslant x,Y\leqslant y\}=P\{X\leqslant x\}P\{Y\leqslant y\},$$

即

$$F(x,y)=F_X(x)F_Y(y), \tag{3.14}$$

则称**随机变量X和Y是相互独立的**.

当(X,Y)是二维离散型随机变量时，X和Y相互独立等价于：对于(X,Y)的所有可能取值(x_i,y_j)，有

$$P\{X=x_i,Y=y_j\}=P\{X=x_i\}P\{Y=y_j\},$$

即

$$p(x_i,y_j)=p_X(x_i)p_Y(y_j),\quad i,j=1,2,\cdots. \tag{3.15}$$

当(X,Y)是二维连续型随机变量时，$f(x,y)$、$f_X(x)$、$f_Y(y)$分别为(X,Y)的概率密度和边缘概率密度，则X和Y相互独立等价于：

$$f(x,y)=f_X(x)f_Y(y) \tag{3.16}$$

几乎处处成立.（在平面上除了面积为零的集合外，处处成立）

例1 设随机变量X和Y相互独立，X、Y的分布律如下：

X	-1	1	2
P	0.1	0.5	0.4

Y	0	1
P	0.3	0.7

求(X,Y)的分布律.

解 由随机变量X和Y相互独立，知

$$P\{X=-1,Y=0\}=P\{X=-1\}P\{Y=0\}=0.1\times0.3=0.03,$$

同理可得其他取值，故(X,Y)的分布律如下：

Y	X		
	-1	1	2
0	0.03	0.15	0.12
1	0.07	0.35	0.28

例2 已知二维随机变量(X,Y)的概率密度为

$$f(x,y)=\begin{cases}6\mathrm{e}^{-(2x+3y)}, & x>0,y>0;\\ 0, & \text{其他}.\end{cases}$$

判断随机变量X和Y是否相互独立.

解 因为

$$f_X(x)=\begin{cases}2\mathrm{e}^{-2x}, & x>0;\\ 0, & x\leqslant 0.\end{cases}\qquad f_Y(y)=\begin{cases}3\mathrm{e}^{-3y}, & y>0;\\ 0, & y\leqslant 0.\end{cases}$$

故

$$f(x,y) = f_X(x)\, f_Y(y),$$

所以随机变量 X 和 Y 相互独立.

习题 3.3

1．设随机变量 X 和 Y 独立同分布，X 的分布律如下：

X	-1	1
P	0.5	0.5

求 $P\{X=Y\}, P\{X>Y\}$.

2．设二维离散型随机变量 (X,Y) 的分布律为

Y	X		
	0	1	2
0	$\frac{1}{6}$	$\frac{1}{9}$	$\frac{1}{18}$
1	$\frac{1}{3}$	α	β

且 X、Y 相互独立，求 α、β.

3．已知二维随机变量（X，Y）的概率密度为

$$f(x,y) = \begin{cases} 4xy, & 0 \leqslant x \leqslant 1, 0 \leqslant y \leqslant 1; \\ 0, & \text{其他}. \end{cases}$$

判断随机变量 X 和 Y 是否相互独立？

§3.4　两个随机变量函数的分布

在第 2 章，我们曾讨论过一个随机变量的函数 $Y = g(X)$ 的分布，本节我们进一步讨论两个随机变量的函数 $Z = g(X,Y)$ 的分布.

3.4.1　和的分布

已知二维离散型随机变量的分布律为

$$P\{X = x_i, Y = y_j\} = p(x_i, y_j), \quad i, j = 1, 2, \cdots, n, \cdots,$$

求 $Z = X + Y$ 的分布律.

随机变量 X 的任一个可能值 x_i 和随机变量 Y 的任一个可能值 y_j 相加就得到

了随机变量Z的所有可能值z_k．但同时要注意到，不同的x_i和y_j，它们的和x_i+y_j可能是相等的．故利用概率的加法公式，可得

$$p_Z(z_k)=P\{Z=z_k\}=\sum_{x_i+y_j=z_k}p(x_i,y_j), \tag{3.17}$$

这里求和的范围是一切使$x_i+y_j=z_k$的i及j的值．如果对于i的某一个取值i_0，数$z_k-x_{i_0}$不是Y的取值，则规定$p(x_{i_0},z_k-x_{i_0})=0$．式（3.17）还可写成

$$p_Z(z_k)=\sum_i p(x_i,z_k-x_i). \tag{3.18}$$

如果变量X和变量Y相互独立，则有

$$p_Z(z_k)=\sum_i p_X(x_i)p_Y(z_k-x_i). \tag{3.19}$$

式（3.18）和式（3.19）对j有类似的结论．

例 1　二维随机变量(X,Y)的分布律为

X	Y		
	-1	0	1
0	0.1	0.2	0.1
1	0.3	0.1	0.2

求$Z=X+Y$的分布律．

解　$Z=X+Y$的可能值为：$-1,0,1,2$，且有

$P\{Z=-1\}=P\{X=0,Y=-1\}=0.1$，

$P\{Z=0\}=P\{X=0,Y=0\}+P\{X=1,Y=-1\}=0.2+0.3=0.5$，

$P\{Z=1\}=P\{X=0,Y=1\}+P\{X=1,Y=0\}=0.1+0.1=0.2$，

$P\{Z=2\}=P\{X=1,Y=1\}=0.2$．

从而Z的分布律为

Z	-1	0	1	2
$p_Z(z)$	0.1	0.5	0.2	0.2

下面我们考虑连续型随机变量的情形．已知二维连续型随机变量的概率密度为$f(x,y)$，求$Z=X+Y$的概率密度．

随机变量Z的分布函数为

$$F_Z(z)=P\{Z\leqslant z\}=\iint_{x+y\leqslant z}f(x,y)\mathrm{d}x\mathrm{d}y\quad.$$

这里积分区域G：$x+y\leqslant z$是直线$x+y=z$左下方的半平面．上式进一步化成二重积分：

$$F_Z(z)=\int_{-\infty}^{+\infty}[\int_{-\infty}^{z-y}f(x,y)\mathrm{d}x]\mathrm{d}y\xlongequal{令x=u-y}\int_{-\infty}^{+\infty}\int_{-\infty}^{z}f(u-y,y)\mathrm{d}u\mathrm{d}y=\int_{-\infty}^{z}[\int_{-\infty}^{+\infty}f(u-y,y)\mathrm{d}y]\mathrm{d}u\text{，}$$

对 $F_Z(z)$ 求导，即得 Z 的概率密度为

$$f_Z(z)=\int_{-\infty}^{+\infty}f(z-y,y)\mathrm{d}y \tag{3.20}$$

同理或由 X、Y 的对称性，可得

$$f_Z(z)=\int_{-\infty}^{+\infty}f(x,z-x)\mathrm{d}x\,. \tag{3.21}$$

当 X 和 Y 相互独立时，式（3.20）和式（3.21）可分别化为

$$f_Z(z)=\int_{-\infty}^{+\infty}f_X(z-y)f_Y(y)\mathrm{d}y \tag{3.22}$$

$$f_Z(z)=\int_{-\infty}^{+\infty}f_X(x)f_Y(z-x)\mathrm{d}x \tag{3.23}$$

这两个公式称为**卷积公式**.

由以上公式可得：相互独立的正态随机变量的和仍服从正态分布．若随机变量 X 与 Y 相互独立，并且都服从正态分布，即

$$X\sim N\left(\mu_x,\sigma_x^{\ 2}\right)\text{，}\quad Y\sim N\left(\mu_y,\sigma_y^{\ 2}\right)\text{，}$$

则它们的和也服从正态分布，即

$$X+Y\sim N\left(\mu_x+\mu_y,\sigma_x^{\ 2}+\sigma_y^{\ 2}\right)\,.$$

例 2　已知随机变量 X 与 Y 相互独立，且

$$X\sim N\left(0,1\right)\text{，}\quad Y\sim N(1,2^2)\text{，}$$

求 $Z=X+Y$ 的概率密度 $f_Z(z)$.

解　易知

$$Z=X+Y\sim N(1,5)\,.$$

从而有

$$f_Z(z)=\frac{1}{\sqrt{10\pi}}\mathrm{e}^{-(z-1)^2/10},z\in\mathbf{R}\,.$$

例 3　设某商品一周的需求量是一个随机变量，其概率密度为

$$f(x)=\begin{cases}x\mathrm{e}^{-x}, & x>0;\\ 0, & 其他.\end{cases}$$

如果各周的需求量相互独立，求两周的需求量的概率密度.

解　分别用 X 与 Y 表示第一、二周的需求量，则

$$f_X(x)=\begin{cases}x\mathrm{e}^{-x}, & x>0;\\ 0, & 其他.\end{cases}$$

$$f_Y(y)=\begin{cases}y\mathrm{e}^{-y}, & y>0;\\ 0, & 其他.\end{cases}$$

则两周的需求量$Z=X+Y$，其概率密度为

$$f_Z(z)=\int_{-\infty}^{+\infty} f_X(x)f_Y(z-x)\mathrm{d}x,$$

若$x\leqslant 0$，则$f_X(x)=0$，$f_Z(z)=0$; 若$z-x\leqslant 0$，则$f_Y(z-x)=0$，$f_Z(z)=0$.

当$x>0$且$z-x>0$时，即$0<x<z$时，有

$$f_Z(z)=\int_0^z x\mathrm{e}^{-x}(z-x)\mathrm{e}^{-(z-x)}\mathrm{d}x=\frac{z^3}{6}\mathrm{e}^{-z},$$

故

$$f_Z(z)=\begin{cases}\dfrac{z^3}{6}\mathrm{e}^{-z}, & z>0;\\ 0, & z\leqslant 0.\end{cases}$$

3.4.2 最值的分布

设X,Y是两个相互独立的随机变量，它们的分布函数分别为$F_X(x)$和$F_Y(y)$，现在来求$M=\max(X,Y)$及$N=\min(X,Y)$的分布函数.

由于$M=\max(X,Y)$不大于z等价于X和Y都不大于z，故有

$$P\{M\leqslant z\}=P\{X\leqslant z,Y\leqslant z\}.$$

又由于X和Y相互独立，得到$M=\max(X,Y)$的分布函数为

$$F_{\max}(z)=P\{M\leqslant z\}=P\{\max(X,Y)\leqslant z\}=P\{X\leqslant z,Y\leqslant z\}\xlongequal{X,Y\text{独立}}P\{X\leqslant z\}P\{Y\leqslant z\},$$

从而有

$$F_{\max}(z)=F_X(z)F_Y(z). \tag{3.24}$$

类似地，可得$N=\min(X,Y)$的分布函数为

$$F_{\min}(z)=P\{N\leqslant z\}=1-P\{N>z\}=1-P\{X>z,Y>z\}\xlongequal{X,Y\text{独立}}1-P\{X>z\}P\{Y>z\},$$

从而有

$$F_{\min}(z)=1-[1-F_X(z)][1-F_Y(z)]. \tag{3.25}$$

以上结果很容易推广到n个相互独立的随机变量的情况.

设$X_1,X_2,\cdots,X_n$是n个相互独立的随机变量，它们的分布函数分别为$F_{X_i}(x_i)$（$i=1,2,\cdots,n$），则$M=\max(X_1,X_2,\cdots,X_n)$及$N=\min(X_1,X_2,\cdots,X_n)$的分布函数分别为

$$F_{\max}(z)=F_{X_1}(z)F_{X_2}(z)\cdots F_{X_n}(z), \tag{3.26}$$

$$F_{\min}(z)=1-[1-F_{X_1}(z)][1-F_{X_2}(z)]\cdots[1-F_{X_n}(z)]. \tag{3.27}$$

特别地，当$X_1,X_2,\cdots,X_n$相互独立且具有相同的分布函数$F(x)$时，有

$$F_{\max}(z)=[F(z)]^n, \tag{3.28}$$

$$F_{\min}(z)=1-[1-F(z)]^n. \tag{3.29}$$

例 4　在一简单电路中，两电阻 R_1 和 R_2 串联，设 R_1 和 R_2 相互独立，它们的使用寿命 X_1 和 X_2 服从相同的指数分布 $e(\lambda)$，求该电路使用寿命的分布函数.

解　X_1 和 X_2 的分布函数均为

$$F(x)=\begin{cases}1-\mathrm{e}^{-\lambda x}, & x>0;\\ 0, & x\leqslant 0.\end{cases}$$

则该电路使用寿命 $z=\min(X_1,X_2)$ 的分布函数为

$$F_{\min}(z)=1-[1-F(z)]^2=\begin{cases}1-\mathrm{e}^{-2\lambda z}, & z>0;\\ 0, & z\leqslant 0.\end{cases}$$

习题 3.4

1．二维随机变量 (X,Y) 的分布律为

X	Y		
	-1	0	2
0	0.1	0.2	0
1	0.3	0.05	0.1
2	0.15	0	0.1

求 $Z=X^2+Y^2$ 的分布律.

2．设相互独立的随机变量 X 和 Y 的概率密度分别为

$$f_X(x)=\begin{cases}1, & 0\leqslant x\leqslant 1;\\ 0, & \text{其他}.\end{cases}$$

$$f_Y(y)=\begin{cases}2y, & 0\leqslant y\leqslant 1;\\ 0, & \text{其他}.\end{cases}$$

求 $Z=X+Y$ 的概率密度.

3．设二维随机变量的概率密度为

$$f(x,y)=\begin{cases}x\mathrm{e}^{-x(1+y)}, & x>0,y>0;\\ 0, & \text{其他}.\end{cases}$$

求 $Z=XY$ 的概率密度.

总习题三

3.1　盒子里装有 3 个黑球，2 个红球，2 个白球，在其中任取 4 个球，以 X 表

示取到黑球的个数，以 Y 表示取到红球的个数，求 X 和 Y 的联合分布律.

3.2　将一硬币抛掷 3 次，以 X 表示在 3 次中出现正面的次数，以 Y 表示 3 次中出现正面次数与出现反面次数之差的绝对值．试写出 X 和 Y 的联合分布律及边缘分布律.

3.3　设随机变量 X 和 Y 独立同分布，其分布律为

$$P\{X=n\}=P\{Y=n\}=\frac{1}{2^n},\ n=1,2,\cdots,$$

求 $Z=X+Y$ 的分布律.

3.4　二维随机变量 (X,Y) 在区域 $A=\{(x,y)\mid 0\leqslant x\leqslant 1,0\leqslant y\leqslant x\}$ 上服从均匀分布，即

$$f(x,y)=\begin{cases}c, & 0\leqslant x\leqslant 1,\ 0\leqslant y\leqslant x;\\ 0, & 其他.\end{cases}$$

求：（1）c；（2）$P\left\{X<\frac{1}{2},X^2\leqslant Y\right\}$.

3.5　随机变量 X 和 Y 相互独立，下表列出了二维随机变量 (X,Y) 的分布律及关于 X 和关于 Y 的边缘分布中的部分数值，试将其余值填入表中的空白处.

X	Y			
	y_1	y_2	y_3	$P\{X=x_i\}$
x_1		$\frac{1}{8}$		
x_2	$\frac{1}{8}$			
$P\{Y=y_i\}$	$\frac{1}{6}$			

3.6　设二维随机变量（X，Y）的概率密度为

$$f(x,y)=\begin{cases}\mathrm{e}^{-y}, & 0<x<y;\\ 0, & 其他.\end{cases}$$

（1）求关于 X 和 Y 的边缘概率密度 $f_X(x)$ 和 $f_Y(y)$；（2）判断 X 和 Y 是否相互独立.

3.7　设相互独立的随机变量 X 和 Y 的概率密度分别为

$$f_X(x)=\begin{cases}2x, & 0<x<1;\\ 0, & 其他.\end{cases}$$

$$f_Y(y)=\begin{cases}\mathrm{e}^{-y}, & y>0;\\ 0, & 其他.\end{cases}$$

求 μ 的二次方程 $\mu^2-2X\mu+Y=0$ 具有实根的概率.

3.8　设某种型号的电子管的寿命（以小时计）近似地服从 $N(160,20^2)$ 分布，随机地选取 4 只，求其中没有一只寿命小于 180 的概率.

3.9　设二维随机变量 (X,Y) 的概率密度为

$$f(x,y)=\begin{cases}\dfrac{1}{2}(x+y)\mathrm{e}^{-(x+y)}, & x>0,y>0;\\ 0, & \text{其他}.\end{cases}$$

（1）问 X 和 Y 是否相互独立？（2）求 $Z=X+Y$ 的概率密度.

3.10　设二维随机变量 (X,Y) 的概率密度为

$$f(x,y)=\begin{cases}b\mathrm{e}^{-(x+y)}, & 0<x<1,0<y<+\infty;\\ 0, & \text{其他}.\end{cases}$$

（1）试确定常数 b；（2）求边缘概率密度 $f_X(x)$ 和 $f_y(y)$；（3）求 $U=\max(X,Y)$ 的分布函数.

第4章　随机变量的数字特征

本章学习目标

随机变量的分布函数已经能够完整地描述随机变量的统计规律．但在一些实际问题中，随机变量的分布函数并不容易求得，我们往往并不直接对分布感兴趣，而只对分布的几个特征指标感兴趣，如分布的中心位置、分散程度等．我们称这些指标为数字特征．本章将介绍随机变量常用的数字特征：数学期望、方差、协方差、相关系数和矩．通过本章的学习，重点掌握以下内容：

- 数学期望的定义、计算和性质
- 方差的定义、计算和性质
- 协方差、相关系数的定义与计算

§4.1　数学期望

4.1.1　离散型随机变量的数学期望

引例　某人射击10次，中靶情况如下：

环数	10	9	8	7
次数	2	3	4	1
频率	0.2	0.3	0.4	0.1

求此人中靶的平均成绩．

不难求出平均成绩为

$$\frac{10\times 2+9\times 3+8\times 4+7\times 1}{10}=10\times 0.2+9\times 0.3+8\times 0.4+7\times 0.1=8.6\text{（环）}.$$

可见所求的平均成绩是各射击环数的以频率为权的加权平均值．注意到频率与概率之间的关系，给出如下定义．

定义1　如果随机变量X只能取得有限个值$x_1,x_2,\cdots,x_n$，而取得这些值的概

率分别为 $p(x_1), p(x_2), \cdots, p(x_n)$，则称 $x_1 p(x_1) + x_2 p(x_2) + \cdots + x_n p(x_n)$ 为随机变量 X 的**数学期望**，记为 $E(X)$，即

$$E(X) = \sum_{i=1}^{n} x_i p(x_i) . \tag{4.1}$$

定义 2　如果随机变量 X 可能取得可数无穷个值 $x_1, x_2, \cdots, x_n, \cdots$，而取得这些值的概率分别为 $p(x_1), p(x_2), \cdots, p(x_n), \cdots$，如果 $\sum_{i=1}^{+\infty} x_i p(x_i)$ 绝对收敛，则称 $\sum_{i=1}^{+\infty} x_i p(x_i)$ 为随机变量 X 的**数学期望**，记为 $E(X)$，即

$$E(X) = \sum_{i=1}^{+\infty} x_i p(x_i) . \tag{4.2}$$

从定义看，随机变量 X 的数学期望是对 X 取值中心的描述，它是一个表征 X 的平均特性的常数，因此，随机变量的数学期望又称均值.

例 1　设离散型随机变量 X 服从“0–1”分布，求 $E(X)$.

解　$E(X) = 0 \times q + 1 \times p = p$.

例 2　设盒子中有 5 个球，其中 2 个白球、3 个黑球，每次从中任取 1 个球，直至取到白球为止，假定

（1）每次取出的黑球不再放回去；

（2）每次取出的黑球仍放回去.

求取球次数的数学期望.

解　（1）设随机变量 X 表示取球次数，X 的可能取值是 1、2、3、4，且有

$$P\{X = 1\} = \frac{2}{5} = 0.4 ,$$

$$P\{X = 2\} = \frac{3}{5} \cdot \frac{2}{4} = 0.3 ,$$

$$P\{X = 3\} = \frac{3}{5} \cdot \frac{2}{4} \cdot \frac{2}{3} = 0.2 ,$$

$$P\{X = 4\} = \frac{3}{5} \cdot \frac{2}{4} \cdot \frac{1}{3} \cdot \frac{2}{2} = 0.1 .$$

于是 $E(X) = 1 \times 0.4 + 2 \times 0.3 + 3 \times 0.2 + 4 \times 0.1 = 2$.

（2）设随机变量 Y 表示取球次数，则设随机变量 Y 的概率函数为

$$P\{Y = m\} = 0.4 \times (0.6)^{m-1}, \quad m = 1, 2, \cdots .$$

所以

$$E(Y) = \sum_{m=1}^{\infty} m \times 0.4 \times (0.6)^{m-1} = 0.4 \times \sum_{m=1}^{\infty} m (0.6)^{m-1} .$$

利用幂级数展开式$\dfrac{1}{(1-x)^2}=\sum\limits_{m=1}^{\infty}mx^{m-1}$，$|x|<1$，得

$$E(Y)=0.4\times\frac{1}{(1-0.6)^2}=2.5.$$

4.1.2 连续型随机变量的数学期望

设连续型随机变量X的概率密度为$f(x)$，随机变量X落在小区间$(x,x+\Delta x)$内的概率近似等于$f(x)\Delta x$，所以连续型随机变量的数学期望可以定义如下.

定义 3 设连续型随机变量X的概率密度为$f(x)$，如果积分$\int_{-\infty}^{+\infty}xf(x)\mathrm{d}x$绝对收敛，则称$\int_{-\infty}^{+\infty}xf(x)\mathrm{d}x$为随机变量$X$的**数学期望**，记为$E(X)$，即

$$E(X)=\int_{-\infty}^{+\infty}xf(x)\mathrm{d}x. \tag{4.3}$$

例 3 设连续型随机变量X的概率密度为

$$f(x)=\begin{cases}x, & 0<x\leqslant 1;\\ 2-x, & 1<x\leqslant 2;\\ 0, & \text{其他}.\end{cases}$$

求$E(X)$.

解 $E(X)=\int_{-\infty}^{+\infty}xf(x)\mathrm{d}x=\int_0^1x^2\mathrm{d}x+\int_1^2x(2-x)\mathrm{d}x=1$.

在此，需要注意的是并不是所有的随机变量都有数学期望，比如下面这个例子.

例 4 设连续随机变量X的概率密度为

$$f(x)=\frac{1}{\pi(1+x^2)},\quad -\infty<x<+\infty.$$

求$E(X)$.

解 按定义，应有

$$E(X)=\frac{1}{\pi}\int_{-\infty}^{+\infty}\frac{x}{1+x^2}\mathrm{d}x.$$

由于$\int_{-\infty}^{+\infty}|x|\dfrac{\mathrm{d}x}{\pi(1+x^2)}=+\infty$，不绝对收敛，因此其数学期望不存在.

4.1.3 二维随机变量的数学期望

设二维离散型随机变量(X,Y)的概率密度为$p(x_i,y_j)$，则随机变量X和Y的数学期望分别定义如下：

$$E(X)=\sum_{i=1}^{+\infty}\sum_{j=1}^{+\infty}x_i p(x_i,y_j)\,,\tag{4.4}$$

$$E(Y)=\sum_{i=1}^{+\infty}\sum_{j=1}^{+\infty}y_j p(x_i,y_j)\,.\tag{4.5}$$

利用第 3 章联合分布与边缘分布的关系，也可以分别写成

$$E(X)=\sum_{i=1}^{+\infty}x_i p_X(x_i)\,,\tag{4.6}$$

$$E(Y)=\sum_{j=1}^{+\infty}y_j p_Y(y_j)\,.\tag{4.7}$$

设二维连续型随机变量 (X,Y) 的概率密度为 $f(x,y)$，则随机变量 X 和 Y 的数学期望分别定义如下：

$$E(X)=\int_{-\infty}^{+\infty}\int_{-\infty}^{+\infty}xf(x,y)\mathrm{d}x\mathrm{d}y\,,\tag{4.8}$$

$$E(Y)=\int_{-\infty}^{+\infty}\int_{-\infty}^{+\infty}yf(x,y)\mathrm{d}x\mathrm{d}y\,.\tag{4.9}$$

同样，利用联合分布与边缘分布的关系，也可以分别写成

$$E(X)=\int_{-\infty}^{+\infty}xf_X(x)\mathrm{d}x\,,\tag{4.10}$$

$$E(Y)=\int_{-\infty}^{+\infty}yf_Y(y)\mathrm{d}y\,.\tag{4.11}$$

例 5　设二维随机变量 (X,Y) 的概率密度为

$$f(x,y)=\begin{cases}12y^2, & 0\leqslant y\leqslant x\leqslant 1;\\ 0, & \text{其他}.\end{cases}$$

求 $E(X)$，$E(Y)$.

解　$E(X)=\iint\limits_{0\leqslant y\leqslant x\leqslant 1}xf(x,y)\mathrm{d}x\mathrm{d}y=\int_0^1 x\mathrm{d}x\int_0^x 12y^2\mathrm{d}y=\dfrac{4}{5}$，

同理 $E(Y)=\dfrac{3}{5}$.

4.1.4　随机变量函数的数学期望

在许多实际问题中，我们常需要求某些随机变量函数的数学期望. 设 X 是一个随机变量，则 $Y=g(X)$ 也是一个随机变量，求其数学期望，按定义需要求出 Y 的分布律，但下面的结论表明，不需要求 Y 的分布律，而直接利用 X 的分布即可求出 $Y=g(X)$ 的数学期望，这为计算随机变量函数的数学期望带来了方便.

设 Y 是随机变量 X 的函数，$Y=g(X)$.

（1）如果 X 为离散型随机变量，概率函数为 $P\{X=x_i\}=p(x_i)$，且

$\sum_{i=1}^{+\infty}|g(x_i)|p(x_i)<+\infty$，则 $E(Y)$ 存在，且

$$E(Y)=E(g(X))=\sum_{i=1}^{+\infty}g(x_i)p(x_i). \tag{4.12}$$

（2）如果 X 为连续型随机变量，概率密度为 $f(x)$，且 $\int_{-\infty}^{+\infty}|g(x)|f(x)\mathrm{d}x<\infty$，则 $E(Y)$ 存在，且

$$E(Y)=E(g(X))=\int_{-\infty}^{+\infty}g(x)f(x)\mathrm{d}x. \tag{4.13}$$

同样，对于二维随机变量，也可以得到类似的结论.

设 $Z=g(X,Y)$ 是二维离散型随机变量 (X,Y) 的函数，则

$$E(Z)=E(g(X,Y))=\sum_{i=1}^{+\infty}\sum_{j=1}^{+\infty}g(x_i,y_j)p(x_i,y_j). \tag{4.14}$$

设 $Z=g(X,Y)$ 是二维连续型随机变量 (X,Y) 的函数，则

$$E(Z)=E(g(X,Y))=\int_{-\infty}^{+\infty}\int_{-\infty}^{+\infty}g(x,y)f(x,y)\mathrm{d}x\mathrm{d}y. \tag{4.15}$$

例 6 设随机变量 X 的分布律为

X	0	1	2
$p(x_i)$	0.1	0.3	0.6

求随机变量函数 $Y=-2X$ 的数学期望.

解 $E(Y)=E(-2X)=(-2)\times0\times0.1+(-2)\times1\times0.3+(-2)\times2\times0.6=-3.$

例 7 设随机变量 X 在区间 $[0,2]$ 上服从均匀分布，求随机变量函数 $Y=X^2$ 的数学期望.

解 随机变量 X 的概率密度 $f(x)=\begin{cases}\frac{1}{2}, & 0\leqslant x\leqslant 2;\\ 0, & \text{其他}.\end{cases}$

$$E(Y)=E(X^2)=\int_0^2 x^2\frac{1}{2}\mathrm{d}x=\frac{4}{3}.$$

例 8 按季节出售某种应时商品，每售出 1 千克获利润 6 元，如到季末尚有剩余商品，则每千克净亏损 2 元，设某商店在季节内这种商品的销售量 X（以千克计）是一随机变量，X 在区间 $(8,16)$ 内服从均匀分布，为使商店所获得利润最大，问应进多少货？

解 设 t 表示进货量，易知应取 $8<t<16$，进货 t 所得利润记为 $W_t(X)$，且有

$$W_t(X)=\begin{cases}6X-2(t-X), & 8<X<t\ (\text{有积压});\\ 6t, & t<X<16\ (\text{无积压}).\end{cases}$$

利润 $W_t(X)$ 是随机变量，如何获得最大利润？自然取“平均利润”的最大值，即求 t 使得 $E[W_t(X)]$ 最大．X 的概率密度为 $f(x)=\begin{cases}\frac{1}{8}, & 8<x<16; \\ 0, & \text{其他}.\end{cases}$

$$E[W_t(X)]=\int_{-\infty}^{+\infty}W_t(x)f(x)\mathrm{d}x=\frac{1}{8}\int_8^{16}W_t(x)\mathrm{d}x$$

$$=\frac{1}{8}\int_8^t[6x-2(t-x)]\mathrm{d}x+\frac{1}{8}\int_t^{16}6t\mathrm{d}x=14t-\frac{t^2}{2}-32.$$

令 $\frac{\mathrm{d}[W_t(X)]}{\mathrm{d}t}=14-t=0$，得 $t=14$．而

$$\frac{\mathrm{d}^2E[W_t(X)]}{\mathrm{d}t^2}=-1<0.$$

故知当 $t=14$ 时，$E[W_t(X)]$ 取得极大值，且可知这也是最大值．

所以，进货 14 千克时平均利润最大．

4.1.5 数学期望的性质

下面介绍数学期望的几个重要性质，假设所涉及的随机变量的数学期望都存在．

性质 1 设 C 为一常数，则

$$E(C)=C. \tag{4.16}$$

性质 2 设 X 为随机变量，C 为常数，则

$$E(CX)=CE(X). \tag{4.17}$$

性质 3 设 X 与 Y 为任意两个随机变量，则

$$E(X\pm Y)=E(X)\pm E(Y). \tag{4.18}$$

这一性质可推广到有限个随机变量的和（差）的情形．

性质 4 设 X 与 Y 独立，则

$$E(XY)=E(X)E(Y). \tag{4.19}$$

这一性质可推广到有限个相互独立的随机变量的积的情形．

性质的证明留给读者．

例 9 设在盒子中有 20 张颜色不同的卡片，有人在盒中取 10 次，每次取 1 张，观察颜色后放回．设抽出的 10 张卡片中包含了 X 种不同的颜色，求 $E(X)$．

解 引入随机变量

$$X_i=\begin{cases}1, & \text{第 } i \text{ 种颜色的卡片至少被抽到 1 次;} \\ 0, & \text{第 } i \text{ 种颜色的卡片从未被抽到,}\end{cases}$$

其中 $i=1,2,\cdots,20$．则有 $X=X_1+X_2+\cdots+X_{20}$．

对一次抽取来说，第 i 种颜色的卡片未被抽到的概率为 $\frac{19}{20}$，而10次均未被抽到的概率为 $\left(\frac{19}{20}\right)^{10}$，于是

$$P\{X_i=0\}=\left(\frac{19}{20}\right)^{10}.$$

从而

$$P\{X_i=1\}=1-\left(\frac{19}{20}\right)^{10},$$

因此

$$E(X_i)=0\times\left(\frac{19}{20}\right)^{10}+1\times\left[1-\left(\frac{19}{20}\right)^{10}\right]=1-\left(\frac{19}{20}\right)^{10},\quad i=1,2,\cdots,20.$$

所以就有

$$E(X)=E(X_1)+E(X_2)+\cdots+E(X_{20})=20\left[1-\left(\frac{19}{20}\right)^{10}\right].$$

习题 4.1

1．已知 100 个产品中有 10 个次品，求任意取出的 5 个产品中的次品数的数学期望.

2．设随机变量 X 的分布律为

X	-1	0	1	2	3
$p(x_i)$	$\frac{1}{3}$	$\frac{1}{6}$	$\frac{1}{6}$	$\frac{1}{12}$	$\frac{1}{4}$

求 $E(X)$、$E(-3X+2)$ 和 $E(X^2)$.

3．设随机变量 X 的概率密度为

$$f(x)=\begin{cases}kx^{\alpha}, & 0<x<1;\\ 0, & \text{其他}.\end{cases}$$

其中 k、$\alpha>0$．又已知 $E(X)=0.75$，求 k、α 的值.

4．掷 10 颗骰子，令随机变量 X 为 10 颗骰子的点数之和，求 $E(X)$.

5．设随机变量 X 在区间 $(0,\pi)$ 内服从均匀分布，求随机变量函数 $Y=\sin X$ 的数学期望.

6．设二维随机变量 (X,Y) 的概率密度为

$$f(x,y)=\begin{cases}\dfrac{8}{\pi(x^2+y^2+1)^3}, & x\geqslant 0,\ y\geqslant 0;\\ 0, & \text{其他}.\end{cases}$$

求随机变量函数 $Z=X^2+Y^2$ 的数学期望.

§ 4.2　方差与标准差

随机变量的数学期望反映了随机变量取值的中心位置，它有着重要的实际意义，但在很多实际问题中，仅知道随机变量的数学期望是不够的. 例如，我们考虑这样两个随机变量 X 与 Y，设它们均服从均匀分布，其概率密度为

$$f_X(x)=\begin{cases}\dfrac{1}{2}, & |x|\leqslant 1;\\ 0, & |x|>1.\end{cases}$$

$$f_Y(y)=\begin{cases}\dfrac{1}{200}, & |y|\leqslant 100;\\ 0, & |y|>100.\end{cases}$$

容易计算它们的数学期望

$$E(X)=E(Y)=0 .$$

但是，它们的分布却有显著的不同：随机变量 X 分布得比较集中，而随机变量 Y 分布得比较分散.

是否可以用一个数字指标来衡量一个随机变量与其数学期望的偏离程度呢？这正是本节要讨论的问题. 那么，如何来度量这个偏离程度呢？容易看出 $|X-E(X)|$ 与 $[X-E(X)]^2$ 都能度量这个偏离程度，但绝对值运算有许多不便之处，所以通常用 $[X-E(X)]^2$ 来度量这个偏离程度，而 $[X-E(X)]^2$ 是一个随机变量，所以用其平均值，即用 $E\{[X-E(X)]^2\}$ 这个数值来衡量 X 与其均值的偏离程度.

4.2.1　方差的定义与计算公式

定义 1　设 X 是一个随机变量，若 $E\{[X-E(X)]^2\}$ 存在，则称 $E\{[X-E(X)]^2\}$ 为随机变量 X 的**方差**，记为 $D(X)$，即

$$D(X)=E\{[X-E(X)]^2\} . \tag{4.20}$$

方差的算术平方根 $\sqrt{D(X)}$ 称为 X 的**标准差**，记为 $\sigma(X)$. 方差与标准差具有相同的量纲.

由定义知，方差实际上就是随机变量 X 的函数 $g(X)=[X-E(X)]^2$ 的数学期望.

如果直接用定义对方差进行计算，会显得比较烦琐，因此常用以下公式计算方差：

$$D(X)=E(X^2)-[E(X)]^2. \quad (4.21)$$

证 由方差的定义和数学期望的性质得

$$D(X)=E\{[X-E(X)]^2\}=E\{X^2-2XE(X)+[E(X)]^2\}$$
$$=E(X^2)-2E(X)E(X)+[E(X)]^2=E(X^2)-[E(X)]^2.$$

例 1 设随机变量 X 服从“0–1”分布，求 $D(X)$.

解 易知 $E(X)=0\times q+1\times p=p.$

$$E(X^2)=0^2\times q+1^2\times p=p.$$
$$D(X)=E(X^2)-[E(X)]^2=p-p^2=pq.$$

例 2 设 $X\sim U(a,b)$，求 $D(X)$.

解 X 的概率密度为

$$f(x)=\begin{cases}\dfrac{1}{b-a}, & a<x<b;\\ 0, & 其他.\end{cases}$$

$$E(X)=\int_a^b x\frac{1}{b-a}\mathrm{d}x=\frac{a+b}{2}.$$

$$E(X^2)=\int_a^b x^2\frac{1}{b-a}\mathrm{d}x=\frac{a^2+ab+b^2}{3}.$$

$$D(X)=E(X^2)-[E(X)]^2=\frac{a^2+ab+b^2}{3}-\left(\frac{a+b}{2}\right)^2=\frac{(b-a)^2}{12}.$$

4.2.2 方差的性质

下面介绍方差的几个重要性质，假设涉及的随机变量的方差都存在.

性质 1 $D(C)=0$（C 是任意常数）.

性质 2 $D(CX)=C^2D(X)$（C 是任意常数）.

性质 3 $D(X+C)=D(X)$（C 是任意常数）.

性质 4 如果 X、Y 是两个相互独立的随机变量，则有

$$D(X\pm Y)=D(X)+D(Y).$$

这一性质可推广到有限多个相互独立随机变量的和与差的情形.

性质的证明留给读者.

例 3 设随机变量 X 的期望和方差分别为 $E(X)$ 和 $D(X)$，且 $D(X)>0$，求随机变量

$$X^*=\frac{X-E(X)}{\sqrt{D(X)}}$$

的期望和方差.

解 $E(X^*)=E\left[\dfrac{X-E(X)}{\sqrt{D(X)}}\right]=\dfrac{E[X-E(X)]}{\sqrt{D(X)}}=\dfrac{E(X)-E(X)}{\sqrt{D(X)}}=0$，

$$D(X^*)=D\left[\dfrac{X-E(X)}{\sqrt{D(X)}}\right]=\dfrac{D[X-E(X)]}{D(X)}=\dfrac{D(X)}{D(X)}=1.$$

注 称 $X^*=\dfrac{X-E(X)}{\sqrt{D(X)}}$ 为 X 的标准化的随机变量.

特别地，对 $X\sim N(\mu,\sigma^2)$，有 $Y=\dfrac{X-\mu}{\sigma}\sim N(0,1)$.

例 4 利用数学期望与方差的性质计算二项分布的数学期望与方差.

解 引入随机变量 $X_i=\begin{cases}1, & \text{第}i\text{次试验中事件}A\text{发生;}\\0, & \text{第}i\text{次试验中事件}A\text{不发生.}\end{cases}\quad i=1,2,\cdots,n.$

所以有

$$X=X_1+X_2+\cdots+X_n.$$

而 $X_1,X_2,\cdots,X_n$ 独立且服从“0−1”分布，且

$$P\{X_i=0\}=1-p，\quad P\{X_i=1\}=p.$$

$$E(X_i)=p，\quad D(X_i)=pq，\quad i=1,2,\cdots,n.$$

所以就有

$$E(X)=E(X_1)+E(X_2)+\cdots+E(X_n)=np.$$

$$D(X)=D(X_1)+D(X_2)+\cdots+D(X_n)=npq.$$

常用分布及其数学期望与方差如下：

分布名称	概率函数或概率密度	数学期望	方差
“0−1”分布	$p(x)=p^xq^{1-x}$，$x=0,1.$ $(0<p<1,\ p+q=1)$	p	pq
二项分布	$p(x)=C_n^xp^xq^{n-x}$，$x=0,1,\cdots,n.$ $(0<p<1,\ p+q=1)$	np	npq
泊松分布	$p(x)=\dfrac{\lambda^x}{x!}e^{-\lambda}$，$x=0,1,2,\cdots.$ $(\lambda>0)$	λ	λ
均匀分布	$f(x)=\begin{cases}\dfrac{1}{b-a}, & a<x<b;\\0, & \text{其他.}\end{cases}$	$\dfrac{a+b}{2}$	$\dfrac{(b-a)^2}{12}$

续表

分布名称	概率函数或概率密度	数学期望	方差
指数分布	$f(x)=\begin{cases}\lambda e^{-\lambda x}, & x>0\\ 0, & x\leqslant 0.\end{cases}$	$\frac{1}{\lambda}$	$\frac{1}{\lambda^2}$
正态分布	$f(x)=\frac{1}{\sqrt{2\pi}\sigma}e^{-(x-\mu)^2/2\sigma^2}.$ $(-\infty<x<+\infty)$	μ	σ^2

4.2.3 原点矩与中心矩

为了更好地描述随机变量分布的特征，除了数学期望与方差外，有时还要利用随机变量的各阶矩：原点矩与中心矩.

定义 2 随机变量 X 的 k 次幂的数学期望称为随机变量 X 的 **k 阶原点矩**，记作 $\nu_k(X)$，即

$$\nu_k(X)=E(X^k). \tag{4.22}$$

于是，对于离散型随机变量，有

$$\nu_k(X)=\sum_{i=1}^{+\infty}x_i^k p(x_i). \tag{4.23}$$

对于连续型随机变量，有

$$\nu_k(X)=\int_{-\infty}^{+\infty}x^k f(x)\mathrm{d}x. \tag{4.24}$$

显然，一阶原点矩就是随机变量 X 的数学期望.

定义 3 随机变量 X 与其自身数学期望差的 k 次幂的数学期望称为随机变量 X 的 **k 阶中心矩**，记作 $\mu_k(X)$，即

$$\mu_k(X)=E\{[X-E(X)]^k\}. \tag{4.25}$$

于是，对于离散型随机变量，有

$$\mu_k(X)=\sum_{i=1}^{+\infty}[x_i-E(X)]^k p(x_i). \tag{4.26}$$

对于连续型随机变量，有

$$\mu_k(X)=\int_{-\infty}^{+\infty}[x-E(X)]^k f(x)\mathrm{d}x. \tag{4.27}$$

显然，一阶中心矩恒等于 0，二阶中心矩就是方差.

习题 4.2

1．设随机变量 X 服从参数为 λ 的泊松分布（$\lambda>0$），且已知 $E[(X-2)(X-3)]=2$，求 λ 的值.

2．设 $X\sim B(n,p)$，$E(X)=2.4$，$D(X)=1.44$，求 n、p.

3．设两个相互独立的随机变量 X、Y 的方差分别为 4 和 2，求 $D(3X-2Y)$.

4．已知随机变量 X 的概率密度为 $f(x)=\dfrac{1}{\sqrt{\pi}}\mathrm{e}^{-x^2+2x-1}$，求 $E(X)$，$D(X)$.

5．设随机变量 X 服从参数为 1 的指数分布，求 $E(X+\mathrm{e}^{-2X})$.

6．设随机变量 X 在区间 $(-1,2)$ 内服从均匀分布，随机变量 $Y=\begin{cases}1, & X>0;\\ 0, & X=0;\\ -1, & X<0.\end{cases}$

求 $D(Y)$.

§ 4.3　协方差与相关系数

4.3.1　协方差

对于二维随机变量 (X,Y) 来说，数学期望 $E(X)$、$E(Y)$ 和方差 $D(X)$、$D(Y)$ 只反映了两个随机变量各自的性质，它们对 X 与 Y 之间的联系没有提供任何信息，自然我们还希望有一个数字特征能够在一定程度上反映 X 与 Y 之间的相互联系.

定义 1　设 (X,Y) 为二维随机变量，如果 $E\{[X-E(X)][Y-E(Y)]\}$ 存在，则称它为随机变量 X 与 Y 的**协方差**，记为 $\mathrm{Cov}(X,Y)$，即

$$\mathrm{Cov}(X,Y)=E\{[X-E(X)][Y-E(Y)]\}. \tag{4.28}$$

特别地，当 $X=Y$ 时，有

$$\mathrm{Cov}(X,Y)=\mathrm{Cov}(X,X)=D(X).$$

由数学期望的性质即得协方差的计算公式为

$$\mathrm{Cov}(X,Y)=E(XY)-E(X)E(Y). \tag{4.29}$$

事实上，

$$\begin{aligned}\mathrm{Cov}(X,Y)&=E\{[X-E(X)][Y-E(Y)]\}\\&=E[XY-XE(Y)-YE(X)+E(X)E(Y)]\\&=E(XY)-2E(X)E(Y)+E(X)E(Y)\\&=E(XY)-E(X)E(Y).\end{aligned}$$

例 1 设二维随机变量(X,Y)的分布律为

X	Y			$p_X(x_i)$
	-1	0	1	
0	0	$\frac{1}{3}$	0	$\frac{1}{3}$
1	$\frac{1}{3}$	0	$\frac{1}{3}$	$\frac{2}{3}$
$p_Y(y_j)$	$\frac{1}{3}$	$\frac{1}{3}$	$\frac{1}{3}$	1

求$\mathrm{Cov}(X,Y)$.

解 由分布律可知随机变量X、Y的边缘分布，所以其数学期望为

$$E(X)=0\times\frac{1}{3}+1\times\frac{2}{3}=\frac{2}{3},$$

$$E(Y)=(-1)\times\frac{1}{3}+0\times\frac{1}{3}+1\times\frac{1}{3}=0.$$

而

$$E(XY)=(-1)\times1\times\frac{1}{3}+0\times0\times\frac{1}{3}+1\times1\times\frac{1}{3}=0.$$

所以

$$\begin{aligned}\mathrm{Cov}(X,Y)&=E(XY)-E(X)E(Y)\\&=0-\frac{2}{3}\times0=0.\end{aligned}$$

例 2 设$X\sim N(0,1)$，$Y=X^2$，求$\mathrm{Cov}(X,Y)$.

解 因为$X\sim N(0,1)$，所以$E(X)=0$. 又

$$E(Y)=E(X^2)=D(X)+[E(X)]^2=1+0^2=1.$$

所以

$$\begin{aligned}\mathrm{Cov}(X,Y)&=E(XY)-E(X)E(Y)\\&=E(X^3)=\int_{-\infty}^{+\infty}x^3\frac{1}{\sqrt{2\pi}}\mathrm{e}^{-\frac{x^2}{2}}\mathrm{d}x=0.\end{aligned}$$

由协方差的计算公式知，当随机变量X与Y相互独立时，有

$$\mathrm{Cov}(X,Y)=E(XY)-E(X)E(Y)=0.$$

当$\mathrm{Cov}(X,Y)=0$时，则称随机变量X与Y是**不相关的**.

所以，当随机变量X与Y相互独立时，则X与Y一定不相关，但不相关不一定相互独立.

例 3　设 X 与 Y 是任意两个随机变量，证明

$$D(X\pm Y)=D(X)+D(Y)\pm 2\mathrm{Cov}(X,Y).$$

证　由方差的定义及数学期望的性质得

$$\begin{aligned}D(X\pm Y)&=E\{[(X\pm Y)-E(X\pm Y)]^2\}\\&=E\{[(X-E(X))\pm(Y-E(Y))]^2\}\\&=E\{[X-E(X)]^2+[Y-E(Y)]^2\pm 2[X-E(X)][Y-E(Y)]\}\\&=D(X)+D(Y)\pm 2\mathrm{Cov}(X,Y).\end{aligned}$$

4.3.2　相关系数

从随机变量的协方差的定义可知，协方差不仅描述随机变量 X 与 Y 之间的相关性，而且还要受到随机变量自身数的影响，比如 X 与 Y 乘以 k ，即 $X_1=kX$ ，$Y_1=kY$ ，这时 X_1 、Y_1 的相关程度与 X 、Y 的相关程度是相同的，但协方差却是原来的 k^2 倍，即

$$\mathrm{Cov}(X_1,Y_1)=k^2\mathrm{Cov}(X,Y).$$

定义 2　为了克服协方差的缺点，我们考虑标准化的随机变量

$$X^*=\frac{X-E(X)}{\sigma(X)} \text{ 与 } Y^*=\frac{Y-E(Y)}{\sigma(Y)}$$

的协方差，称为随机变量 X 与 Y 的**相关系数**，记作 $R(X,Y)$ ，即

$$R(X,Y)=\mathrm{Cov}(X^*,Y^*). \tag{4.30}$$

因为 $E(X^*)=E(Y^*)=0$ ，所以由协方差的定义得

$$\begin{aligned}R(X,Y)&=\mathrm{Cov}(X^*,Y^*)=E(X^*Y^*)\\&=E\left[\frac{X-E(X)}{\sigma(X)}\cdot\frac{Y-E(Y)}{\sigma(Y)}\right]\\&=\frac{E\{[X-E(X)][Y-E(Y)]\}}{\sigma(X)\sigma(Y)}\\&=\frac{\mathrm{Cov}(X,Y)}{\sqrt{D(X)}\sqrt{D(Y)}},\end{aligned}$$

即

$$R(X,Y)=\frac{\mathrm{Cov}(X,Y)}{\sqrt{D(X)}\sqrt{D(Y)}}. \tag{4.31}$$

同样，若随机变量 X 与 Y 独立，则 $R(X,Y)=0$.

随机变量 X 与 Y 的相关系数 $R(X,Y)$ 具有如下性质：

（1）$|R(X,Y)|\leqslant 1$；

（2）当且仅当随机变量 X 与 Y 之间存在线性关系

$$Y = a + bX$$

时，相关系数 $R(X,Y)$ 的绝对值等于1，并且

$$R(X,Y)=\begin{cases}1, & b>0;\\ -1, & b<0.\end{cases}$$

性质的证明略去，有兴趣的读者可以参考有关文献.

这些性质可以在有关的计算中应用，这样可以大大地减少计算量，例如下面这个题目.

例 4 将一枚均匀的硬币重复掷 n 次，并以 X 和 Y 分别表示正面向上和反面向上的次数．求 X 和 Y 的相关系数 $R(X,Y)$.

解 由题意知

$$X+Y=n,$$

即

$$Y=-X+n,$$

可知，Y 与 X 为线性关系，所以由以上性质（2）可得

$$R(X,Y)=-1.$$

例 5 已知二维随机变量 (X,Y) 在区域 $G=\{(x,y)|0<x<1,0<y<x\}$ 内服从均匀分布，求 X 和 Y 的相关系数 $R(X,Y)$.

解 由题设可知，(X,Y) 的概率密度为

$$f(x,y)=\begin{cases}2, & (x,y)\in G;\\ 0, & 其他.\end{cases}$$

于是有

$$f_X(x)=\int_{-\infty}^{+\infty} f(x,y)\mathrm{d}y=\begin{cases}2x, & 0<x<1;\\ 0, & 其他.\end{cases}$$

则

$$E(X)=\int_{-\infty}^{+\infty} xf_X(x)\mathrm{d}x=\int_0^1 x\cdot 2x\mathrm{d}x=\frac{2}{3},$$

$$E(X^2)=\int_{-\infty}^{+\infty} x^2 f_X(x)\mathrm{d}x=\int_0^1 x^2\cdot 2x\mathrm{d}x=\frac{1}{2},$$

$$D(X)=E(X^2)-[E(X)]^2=\frac{1}{18}.$$

同样可计算出

$$f_Y(y)=\begin{cases}2(1-y), & 0<y<1;\\ 0, & 其他.\end{cases}$$

$$E(Y)=\int_{-\infty}^{+\infty} y f_Y(y)\mathrm{d}y=\int_0^1 y\cdot 2(1-y)\mathrm{d}y=\frac{1}{3},$$

$$E(Y^2)=\int_{-\infty}^{+\infty} y^2 f_Y(y)\mathrm{d}y=\int_0^1 y^2\cdot 2(1-y)\mathrm{d}y=\frac{1}{6},$$

$$D(Y)=E(Y^2)-[E(Y)]^2=\frac{1}{18}.$$

而

$$E(XY)=\iint_G xyf(x,y)\mathrm{d}x\mathrm{d}y=\int_0^1 x\mathrm{d}x\int_0^x 2y\mathrm{d}y=\frac{1}{4}.$$

所以

$$\mathrm{Cov}(X,Y)=E(XY)-E(X)E(Y)=\frac{1}{36}.$$

从而

$$R(X,Y)=\frac{\mathrm{Cov}(X,Y)}{\sqrt{D(X)}\sqrt{D(Y)}}=\frac{\frac{1}{36}}{\sqrt{\frac{1}{18}}\cdot\sqrt{\frac{1}{18}}}=\frac{1}{2}.$$

习题 4.3

1．设二维随机变量 (X,Y) 的分布律如下：

X	Y		
	-1	0	1
0	0	$\frac{1}{3}$	0
1	$\frac{1}{3}$	0	$\frac{1}{3}$

证明：X 与 Y 不相关，但不是相互独立.

2．设二维随机变量 (X,Y) 的为概率密度为

$$f(x,y)=\begin{cases}1, & |y|<x,0<x<1;\\ 0, & \text{其他}.\end{cases}$$

试求：$E(X)$，$E(Y)$，$\mathrm{Cov}(X,Y)$.

3．设随机变量 X 在区间 $(-\pi,\pi)$ 上服从均匀分布，$X_1=\sin X$，$X_2=\cos X$，求 $R(X_1,X_2)$.

总习题四

4.1 把 4 个球随机地放入 4 个盒子中，设 X 表示空盒子的个数，求 $E(X)$.

4.2 随机变量 X 表示 10 次独立重复射击中命中目标的次数，且每次射击命中目标的概率为 0.4，求 $E(X)$ 和 $D(X)$.

4.3 袋中有 5 个球，编号为 1、2、3、4、5，现从中任意抽取 3 个球，用 X 表示取出的 3 个球中的最大编号，求 $E(X)$.

4.4 设从学校乘汽车到火车站的途中有 3 个交通岗，在各交通岗遇到红灯是相互独立的，其概率均为 0.4. X 表示途中遇到红灯的次数，求 $E(X)$ 和 $D(X)$.

4.5 10 个电子元件中有 8 个正品，2 个次品，组装电子仪器时，从中任取一个，如果取出的是次品不再放回，求在取得正品前已取出次品数 X 的数学期望.

4.6 设随机变量 X 的概率密度为

$$f(x)=\begin{cases}2x, & 0<x<1;\\ 0, & \text{其他}.\end{cases}$$

求 $E(X)$ 和 $D(X)$.

4.7 设随机变量 X 的概率密度为

$$f(x)=\begin{cases}\dfrac{1}{\pi\sqrt{1-x^2}}, & |x|<1;\\ 0, & \text{其他}.\end{cases}$$

求 $E(X)$ 和 $D(X)$.

4.8 设随机变量 X 的概率密度为

$$f(x)=\frac{1}{2}\mathrm{e}^{-|x|},\ -\infty<x<+\infty.$$

求 $E(X)$ 和 $D(X)$.

4.9 设随机变量 X 的概率密度为

$$f(x)=\begin{cases}\mathrm{e}^{-x}, & x>0;\\ 0, & x\leqslant 0.\end{cases}$$

求：（1）$Y_1=2X$ 的数学期望；（2）$Y_2=\mathrm{e}^{-2X}$ 的数学期望.

4.10 一民航送客车载有 20 位旅客自机场开出，旅客有 10 个车站可以下车，如到达一个车站没有旅客下车就不停车，以 X 表示停车的次数，求 $E(X)$（设每位旅客在各个车站下车是等可能的，并设旅客是否下车相互独立）.

4.11 设二维随机变量 (X,Y) 在区域 R：$0<x<1$，$|y|<x$ 内服从均匀分布，

试求

（1）X 的边缘概率密度；

（2）随机变量函数 $Z=2X+1$ 的方差 $D(Z)$．

4.12　已知二维随机变量 (X,Y) 在区域 $G=\{(x,y)|x\geqslant 0, y\geqslant 0, x+y\leqslant 1\}$ 内服从均匀分布，求 $E(X)$，$E(3X-2Y)$．

4.13　设随机变量 X 与 Y 相互独立，X 在区间 $\left(0,\dfrac{1}{2}\right)$ 内服从均匀分布，Y 的概率密度为

$$f_Y(y)=\begin{cases}2\mathrm{e}^{-2y}, & y>0;\\ 0, & \text{其他}.\end{cases}$$

求：$E(X)$，$E(Y)$，$D(X)$，$D(Y)$，$\mathrm{Cov}(X,Y)$，$R(X,Y)$．

第 5 章　大数定律和中心极限定理

本章学习目标

本章主要讨论概率论中的两类重要定理：一类是描述一系列随机变量和的平均结果的稳定性的大数定律，它因反映随机现象在大量重复试验下所呈现出的客观规律而得名；另一类是用来描述满足一定条件的一系列随机现象和的概率分布的极限的定理，称为中心极限定理. 通过本章的学习，重点掌握以下内容：

- 切比雪夫不等式及其应用
- 林德伯格-列维中心极限定理及其应用
- 棣莫弗-拉普拉斯中心极限定理及其应用

§ 5.1　大数定律

在第 1 章我们曾讲过，事件在一次试验中可能发生，也可能不发生，但在大量重复试验中，其发生的频率具有稳定性，即当试验次数无限增大时，事件发生的频率在某种意义下收敛到事件发生的概率，这就是最早的大数定律. 一般的大数定律是描述一系列随机变量的和的平均结果的稳定性的.

下面先介绍一个重要的不等式.

5.1.1　切比雪夫不等式

定理 1 （切比雪夫不等式）设随机变量 X 的数学期望 $E(X)=\mu$ ，方差 $D(X)=\sigma^2$ ，则对于任意 $\varepsilon>0$ ，有

$$P\{|X-\mu|\geqslant\varepsilon\}\leqslant\frac{\sigma^2}{\varepsilon^2}, \tag{5.1}$$

或等价于

$$P\{|X-\mu|<\varepsilon\}\geqslant 1-\frac{\sigma^2}{\varepsilon^2}, \tag{5.2}$$

这两个不等式统称为**切比雪夫不等式**.

该不等式给出了在随机变量 X 的分布未知的情况下，事件 $\{|X-\mu| \geqslant \varepsilon\}$（或事件 $\{|X-\mu|<\varepsilon\}$）的概率的一种估计方法．例如，在式（5.2）中取 $\varepsilon = 2\sigma$，则有

$$P\{|X-\mu|<2\sigma\} \geqslant 1-\frac{\sigma^2}{4\sigma^2}=\frac{3}{4}.$$

例 1　已知正常成人男性血液中，每毫升的白细胞数的平均值是 7300，标准差是 700，利用切比雪夫不等式估计每毫升血液中的白细胞数在 5200～9400 之间的概率．

解　设每毫升白细胞数为 X，则 $E(X)=\mu=7\,300$，$D(X)=\sigma^2=700^2$，从而

$$\begin{aligned}P\{5200<X<9400\} &= P\{-2100<X-7300<2100\} \\ &= P\{|X-7300|<2100\} \\ &= P\{|X-\mu|<2100\},\end{aligned}$$

利用切比雪夫不等式，有

$$P\{|X-\mu|<2100\} \geqslant 1-\frac{\sigma^2}{2100^2}=1-\frac{700^2}{2100^2}=1-\frac{1}{9}=\frac{8}{9},$$

所以每毫升血液中的白细胞数在 5200～9400 的概率不小于 $\frac{8}{9}$．

值得注意的是，作为一种估计方法，切比雪夫不等式适应范围比较广，但精度不高，故一般用于进行理论研究和证明，而极少用于处理精确的估计问题．

5.1.2　大数定律

定义 1　$X_1, X_2, \cdots, X_n, \cdots$ 是一随机变量序列，如果存在某随机变量 Y，使得对任意的 $\varepsilon>0$，有

$$\lim_{n\to\infty} P\{|X_n-Y|<\varepsilon\}=1, \tag{5.3}$$

则称**随机变量序列** $\{X_n\}$ **依概率收敛于随机变量** Y，记为 $X_n \xrightarrow{P} Y$．

$X_n \xrightarrow{P} Y$ 的直观解释是：对于任意的 $\varepsilon>0$，当 n 充分大时，事件 $\{|X_n-Y|<\varepsilon\}$ 发生的概率很大（收敛于 1），也就是说，当 n 很大时，事件 $\{|X_n-Y|<\varepsilon\}$ 几乎是必然发生的．

定义 2　设随机变量序列 $X_1, X_2, \cdots, X_n, \cdots$ 的数学期望都存在，且满足

$$\lim_{n\to\infty} P\left\{\left|\frac{1}{n}\sum_{i=1}^{n} X_i-\frac{1}{n}\sum_{i=1}^{n} E(X_i)\right|<\varepsilon\right\}=1, \tag{5.4}$$

则称随机变量序列 $\{X_n\}$ 满足大数定律．

若令 $\overline{X}=\frac{1}{n}\sum_{i=1}^{n} X_i$，则

$$E(\overline{X})=E\left(\frac{1}{n}\sum_{i=1}^{n}X_i\right)=\frac{1}{n}\sum_{i=1}^{n}E(X_i)\ ,$$

故上式也可表示为

$$\overline{X}\xrightarrow{P}E(\overline{X})\ . \tag{5.5}$$

定理 2（切比雪夫大数定律） 设 $X_1,X_2,\cdots,X_n,\cdots$ 为独立的随机变量序列，若存在常数 C，使得 $D(X_i)<C$（$i=1,2,\cdots$），则随机变量序列 $\{X_n\}$ 满足大数定律，即满足式（5.4）.

切比雪夫大数定律指出，n 个相互独立，且具有有限的期望和方差的随机变量，当 n 足够大时，它们的算术平均值以很大的概率接近它们期望的算术平均值.

定理 3（辛钦大数定律） 设 $X_1,X_2,\cdots,X_n,\cdots$ 为独立同分布的随机变量序列，且 $E(X_i)=\mu$（$i=1,2,\cdots,n,\cdots$），则对于任意的 $\varepsilon>0$，有

$$\lim_{n\to\infty}P\left\{\left|\frac{1}{n}\sum_{i=1}^{n}X_i-\mu\right|<\varepsilon\right\}=1\ , \tag{5.6}$$

即随机变量序列 $\{X_n\}$ 满足大数定律.

辛钦大数定律表明，对于独立同分布的随机变量序列，只要各变量共同的数学期望 μ 存在，则对于充分大的 n，n 个变量的算术平均值与它们期望的算术平均值非常接近，极少例外.

定理 4（伯努利大数定律） 设 n_A 为 n 次重复独立试验中事件 A 发生的次数，p 是每次试验中事件 A 发生的概率，则对于任意的 $\varepsilon>0$，有

$$\lim_{n\to\infty}P\left\{\left|\frac{n_A}{n}-p\right|<\varepsilon\right\}=1\ . \tag{5.7}$$

伯努利大数定律指出，事件 A 发生的频率 $\frac{n_A}{n}$ 依概率收敛于事件 A 发生的概率 p，也就是说，事件 A 发生的频率 $\frac{n_A}{n}$ 总是在事件 A 发生的概率 p 的附近摆动，试验次数越多，频率 $\frac{n_A}{n}$ 与概率 p 有很大偏差的可能性越小. 也正是在此基础上，我们才有了概率的统计定义，从而在实际应用中，当试验次数足够多时，可以用事件的频率作为概率的近似值.

在同分布的条件下，辛钦大数定律与切比雪夫大数定律二者的结论相同，不过前者只要求数学期望存在，而后者要求方差也存在. 在许多统计推断问题中，辛钦大数定律用起来更为方便，而伯努利大数定律也可以看作辛钦大数定律的特殊情况.

习题 5.1

1．设随机变量 X 有有限的期望，其方差为 2，根据切比雪夫不等式估计 $P\{|X-E(X)|\geqslant 2\}$．

2．设随机变量 X 有有限的期望 $E(X)$ 及方差 $D(X)=\sigma^2$，试用切比雪夫不等式估计 $P\{E(X)-3\sigma<X<E(X)+3\sigma\}$ 的值．

§ 5.2 中心极限定理

在第 2 章中，我们曾经讲过，正态分布是自然界中最常见的一种分布．为什么正态分布如此广泛地存在，从而在概率论中占有如此重要的地位？实际上，很多随机变量都是由大量相互独立的随机因素综合作用的结果，其中每一个因素在总的影响中所起的作用是微小的，这类随机变量一般都服从或近似服从正态分布．中心极限定理正是从理论上阐明了这一事实．

中心极限定理是棣莫弗在 18 世纪首先提出的，至今其内容已非常丰富．下面介绍两个最简单且最常用的结论．

5.2.1 独立同分布的中心极限定理

定理 1（林德伯格–列维中心极限定理） 设随机变量 $X_1,X_2,\cdots,X_n,\cdots$ 相互独立，服从同一分布，且具有有限的数学期望和方差：$E(X_i)=\mu$，$D(X_i)=\sigma^2>0$（$i=1,2,\cdots,n,\cdots$），则随机变量之和 $\sum\limits_{i=1}^{n}X_i$ 的标准化变量

$$Y_n=\frac{\sum\limits_{i=1}^{n}X_i-E\left(\sum\limits_{i=1}^{n}X_i\right)}{\sqrt{D\left(\sum\limits_{i=1}^{n}X_i\right)}}=\frac{\sum\limits_{i=1}^{n}X_i-n\mu}{\sqrt{n}\sigma}$$

的分布函数 $F_n(x)$，对任意实数 x，有

$$\lim_{n\to\infty}F_n(x)=\lim_{n\to\infty}P\left\{\frac{\sum\limits_{i=1}^{n}X_i-n\mu}{\sqrt{n}\sigma}\leqslant x\right\}=\frac{1}{\sqrt{2\pi}}\int_{-\infty}^{x}\mathrm{e}^{-\frac{t^2}{2}}\mathrm{d}t=\Phi(x)\ . \tag{5.8}$$

上述定理 1 说明：期望为 μ、方差为 $\sigma^2>0$ 的独立同分布的随机变量 $X_1,X_2,\cdots,X_n$ 的和 $\sum\limits_{i=1}^{n}X_i$ 的标准化变量，在 n 充分大时，近似服从标准正态分布，即

$$\frac{\sum_{i=1}^{n} X_i - n\mu}{\sqrt{n}\sigma} \overset{\text{近似}}{\sim} N(0,1).$$

由此可知，当n充分大时，

$$\sum_{i=1}^{n} X_i \overset{\text{近似}}{\sim} N(n\mu, n\sigma^2),$$

$$\overline{X} = \frac{1}{n}\sum_{i=1}^{n} X_i \overset{\text{近似}}{\sim} N\left(\mu, \frac{\sigma^2}{n}\right),$$

这就是说，均值为μ，方差为$\sigma^2 > 0$，独立同分布的随机变量$X_1, X_2, \cdots, X_n$的算术平均值$\overline{X} = \frac{1}{n}\sum_{i=1}^{n} X_i$，当$n$充分大时近似地服从均值为$\mu$，方差为$\frac{\sigma^2}{n}$的正态分布. 虽然在一般情况下，我们很难求出$\sum_{i=1}^{n} X_i$的分布的确切形式，但当$n$充分大时，可求出其近似分布. 这一结果是数理统计中大样本统计推断的基础.

从而对于概率的计算有如下近似计算：

$$P\left\{a \leqslant \sum_{i=1}^{n} X_i \leqslant b\right\} = P\left\{\frac{a - n\mu}{\sqrt{n}\sigma} \leqslant \frac{\sum_{i=1}^{n} X_i - n\mu}{\sqrt{n}\sigma} \leqslant \frac{b - n\mu}{\sqrt{n}\sigma}\right\}$$

$$\approx \Phi\left(\frac{b - n\mu}{\sqrt{n}\sigma}\right) - \Phi\left(\frac{a - n\mu}{\sqrt{n}\sigma}\right). \tag{5.9}$$

例 1 一盒同型号的螺钉共有 100 个，已知该型号的螺钉的质量是一个随机变量，期望值是 100 克，标准差是 10 克，求一盒螺钉的质量在 9.9～10.2 千克之间的概率.

解 设X表示一盒螺钉的总质量，而X_i表示第i个螺钉的质量（$i = 1, 2, \cdots, 100$），统一单位为千克，则

$$E(X_i) = \mu = 0.1, \quad D(X_i) = \sigma^2 = (0.01)^2 = 0.0001.$$

由于X_i独立同分布，$n = 100$比较大，所以

$$X = \sum_{i=1}^{100} X_i \overset{\text{近似}}{\sim} N(n\mu, n\sigma^2) = N(10, 0.01),$$

$$P\{9.9 < X < 10.2\} = P\left\{-1 < \frac{X - 10}{0.1} < 2\right\}$$

$$\approx \Phi(2) - \Phi(-1) = \Phi(2) + \Phi(1) - 1 = 0.8185,$$

因此一盒螺钉的质量在 9.9～10.2 千克之间的概率约为 0.8185.

例 2 已知一本书有 500 页，每一页的印刷错误个数服从泊松分布$P(0.2)$. 各

页有没有错误是相互独立的，求这本书的错误个数不少于 90 个的概率.

解　设 X_i 表示第 i 页上的错误个数（$i=1,2,\cdots,500$），则 $X_i \sim P(0.2)$，因此

$$E(X_i)=\mu=0.2,\ D(X_i)=\sigma^2=0.2\ (i=1,2,\cdots,500).$$

设 X 表示这本书上的错误总数，由于 X_i 独立同分布，500 比较大，所以

$$X=\sum_{i=1}^{500} X_i \overset{\text{近似}}{\sim} N(n\mu, n\sigma^2)=N(100,100),$$

$$P\{X \geqslant 90\}=1-P\{X<90\}=1-P\left\{\frac{X-100}{\sqrt{100}} \leqslant -1\right\}$$
$$\approx 1-\Phi(-1)=\Phi(1)=0.8413,$$

因此这本书的错误个数不少于 90 个的概率约为 0.8413.

5.2.2　棣莫弗-拉普拉斯中心极限定理

定理 2（棣莫弗-拉普拉斯中心极限定理）　若随机变量 X_n 服从参数为 n,p（$0<p<1$）的二项分布，即 $X_n \sim B(n,p)$，则随机变量 X_n 的标准化变量

$$Y_n=\frac{X_n-np}{\sqrt{np(1-p)}}$$

的分布函数 $F_n(x)$ 对任意实数 x，有

$$\lim_{n\to\infty} F_n(x)=\lim_{n\to\infty} P\left\{\frac{X_n-np}{\sqrt{np(1-p)}} \leqslant x\right\}=\frac{1}{\sqrt{2\pi}}\int_{-\infty}^{x} \mathrm{e}^{-\frac{t^2}{2}}\mathrm{d}t=\Phi(x). \tag{5.10}$$

上述定理 2 说明：服从参数为 n,p（$0<p<1$）的二项分布的随机变量 X_n 的标准化变量，在 n 充分大时，近似服从标准正态分布，即

$$\frac{X_n-np}{\sqrt{np(1-p)}} \overset{\text{近似}}{\sim} N(0,1),$$

由此可知，正态分布是二项分布的极限分布，当 n 充分大时，

$$X_n \overset{\text{近似}}{\sim} N[np, np(1-p)],$$

从而

$$\begin{aligned} P\{a \leqslant X_n \leqslant b\} &= P\left\{\frac{a-np}{\sqrt{np(1-p)}} \leqslant \frac{X_n-np}{\sqrt{np(1-p)}} \leqslant \frac{b-np}{\sqrt{np(1-p)}}\right\} \\ &\approx \Phi\left(\frac{b-np}{\sqrt{np(1-p)}}\right)-\Phi\left(\frac{a-np}{\sqrt{np(1-p)}}\right). \end{aligned} \tag{5.11}$$

例 3　设电站供电网有 10000 盏电灯，夜晚每盏灯开灯的概率都是 0.7，假定开、关相互独立，用中心极限定理估计夜晚同时开着的灯数在 6800～7200 之间的概率.

解 设夜晚同时开着的灯数为X，则$X \sim B(10000,0.7)$，因此

$$E(X)=np=10000\times 0.7=7000,$$

$$D(X)=np(1-p)=10000\times 0.7\times 0.3=2100.$$

由于 10000 比较大，有$X \overset{\text{近似}}{\sim} N(7000,2100)$，故

$$\begin{aligned} P\{6800<X<7200\} &= P\left\{\frac{6800-7000}{\sqrt{2100}}<\frac{X-7000}{\sqrt{2100}}<\frac{7200-7000}{\sqrt{2100}}\right\} \\ &= P\left\{\frac{-20}{\sqrt{21}}<\frac{X-7000}{10\sqrt{21}}<\frac{20}{\sqrt{21}}\right\} \\ &\approx \Phi\left(\frac{20}{\sqrt{21}}\right)-\Phi\left(-\frac{20}{\sqrt{21}}\right)=2\Phi\left(\frac{20}{\sqrt{21}}\right)-1, \end{aligned}$$

由于$\sqrt{21}<5$，所以$\dfrac{20}{\sqrt{21}}>4$，$\Phi\left(\dfrac{20}{\sqrt{21}}\right)\approx 1$，从而

$$P\{6800<X<7200\}\approx 1.$$

本题中 10000 比较大，利用中心极限定理可以得到非常精确的估计值. 从而可以得到这样的结论：虽然该供电网有 10000 盏电灯，但每天只要供应 7200 盏灯的电量就能保证够用，极少例外.

例 4 一学校有 10000 名学生，每人以 80%的概率去图书馆上自习，问图书馆至少应设置多少个座位才能以 95%以上的概率保证去上自习的学生都有座位.

解 设应设置M个座位，而上自习的学生数为X，则$X \sim B(10000,0.8)$，且

$$E(X)=np=10000\times 0.8=8000,\quad D(X)=np(1-p)=10000\times 0.8\times 0.2=1600.$$

因为n较大，所以$X \overset{\text{近似}}{\sim} N(8000,1600)$，从而

$$P\{X\leqslant M\}=P\left\{\frac{X-8000}{40}\leqslant\frac{M-8000}{40}\right\}\approx\Phi\left(\frac{M-8000}{40}\right)\geqslant 0.95,$$

查附表 2 知，$\Phi(1.64)=0.9495$，$\Phi(1.65)=0.9505$，故$\dfrac{M-8000}{40}\geqslant 1.65$，所以

$$M\geqslant 8000+1.65\times 40=8066,$$

故至少应设置 8066 个座位才能以 95%以上的概率保证去上自习的学生都有座位.

例 5（高尔顿钉板实验） 高尔顿钉板的设计者为英国生物统计学家高尔顿，指的是每一黑点表示钉在板上的一颗钉子，它们彼此的距离均相等，上一层的每一颗的水平位置恰好位于下一层的两颗正中间。图 5.1 是高尔顿钉板，常常在赌博游戏中见到，庄家常常在两边放置值钱的东西来吸引顾客，现在可用中心极限定理来揭穿这个赌博中的奥秘.

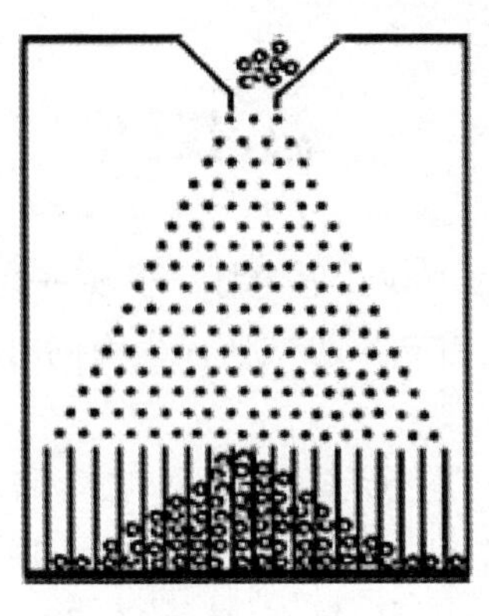

图 5.1

解　设n为钉子的排数，记随机变量

$$X_i=\begin{cases}1, & 第i次碰钉后小球从左边落下;\\ -1, & 第i次碰钉后小球从右边落下.\end{cases}$$

易知，X_i服从“0-1”分布，其分布律为

X	1	–1
$p(x_i)$	$\frac{1}{2}$	$\frac{1}{2}$

且$E(X_i)=0$，$D(X_i)=1$，$i=1,2,\cdots$.

设Y_n表示第n次碰钉后小球的位置，显然 $Y_n=\sum_{i=1}^{n}X_i$，$E(Y_n)=0$，$D(Y_n)=n$，且$Y_n\sim B(0,n)$．由中心极限定理知

$$Y_n\overset{近似}{\sim}N(0,n),$$

当钉板层数$n=16$时，则均方差$\sigma=\sqrt{16}=4$，由正态分布的特征，小球落入中间的概率远远大于落入两边的概率.

习题 5.2

1．一生产线生产的产品成箱包装，每箱的质量是随机的．假设每箱平均质量为 50 千克，标准差为 5 千克．若用最大载重量为 5 吨的汽车承运，试利用中心极限定理说明每辆车最多装多少箱，才能保障不超载的概率大于 0.977.

2．某厂生产的产品中，一等品率为 20%，现从该厂产品中随机抽取 400 个，问一等品的个数在 80～100 个之间的概率.

总习题五

5.1 设电站供电网有 10000 盏电灯，夜晚每盏灯开灯的概率都是 0.7，假定开、关相互独立，用切比雪夫不等式估计夜晚同时开着的灯数在 6800～7200 之间的概率.

5.2 某保险公司多年的统计资料表明，在索赔户中被盗索赔户占 20%，随意抽查了 100 个索赔户，求其中被盗索赔户不小于 10 户且不多于 30 户的概率.

5.3 某单位有 100 部电话，每部电话约有 20%的时间使用外线通话. 设每部电话是否使用外线是独立的，问该单位至少要安装多少条外线，才能以 95%以上的概率保证每部电话使用外线时都能够打通？

5.4 某药厂生产出一种新药，平均有效率达到 80%，卫生部门对 100 名患者进行试验，问至少有 75 人证明该药有效的概率.

5.5 一工厂有 200 台机器，白天每台机器开着的概率为 0.8，各个机器是否工作相互独立，求白天同时开着的机器数超过 168 台的概率.

5.6 计算机在进行数值计算时，每次计算的误差都服从均匀分布 $U(-0.5,0.5)$，若在一项计算中进行了 100 次数值计算，求平均误差落在区间 $\left[-\frac{\sqrt{3}}{20},\frac{\sqrt{3}}{20}\right]$ 上的概率.

5.7 某品牌家电 3 年内发生故障的概率为 0.2，且各家电质量相互独立. 某代理商发售了一批此品牌家电，3 年到期时进行跟踪调查：

（1）抽查 4 个家电用户，求至多只有一台家电发生故障的概率；

（2）抽查 100 个家电用户，求发生故障的家电数不小于 25 的概率.

5.8 对敌人的防御地段进行 100 次轰炸，每次命中目标的炸弹数是一个随机变量，期望为 2，方差为 1.69，求在 100 次轰炸中有 180～200 颗炸弹命中目标的概率.

第 6 章　数理统计的基本知识

本章学习目标

前五章是概率论的范畴，从这一章开始我们学习数理统计．数理统计是具有广泛应用的一个数学分支，它以概率论为理论基础，根据试验或观察得到的数据，来研究随机现象，进而对研究对象的客观规律性作出种种合理的估计和判断．

数理统计的内容包括：如何收集、整理数据资料；如何对所得的数据资料进行分析、研究，从而对所研究对象的性质、特点作出推断．后者就是我们所说的统计推断问题．本书只讲述统计推断的基本内容．

本章我们主要介绍数理统计中的一些基本概念和几个重要的统计量及其分布．通过本章的学习，重点掌握以下内容：

- 总体和个体的含义
- 常见的统计量及其计算
- 三种常见的分布和分位点的确定
- 单个正态总体统计量的分布及其计算

§ 6.1　总体、样本、统计量及常用分布

虽然理论表明，只要对随机变量进行足够多的观测，被研究的随机现象的规律性一定能清楚地呈现出来．而实际中，受各种因素的制约，观测（或试验）次数只能是有限的，有的甚至是少量的．

因此，我们关心的问题就是怎样有效地利用收集到的有限资料，尽可能地对被研究的随机变量的概率特征作出判断，进而得到精确而可靠的结论．

例如，考察某工厂生产的灯泡的质量．在正常生产情况下，灯泡的质量是具有统计规律性的，它主要表现为灯泡的寿命是一定的．然而，由于生产中各种随机因素的影响，每个灯泡的寿命是不同的．由于受到人力、物力等的限制，对每一个灯泡的寿命一一进行测试不太现实，更何况测定灯泡寿命的试验具有破坏性，

因此对全部灯泡一一进行测试也不可能．比较实际的做法是：从整批灯泡中取出一小部分进行测试，然后根据这部分灯泡的寿命推断出全部灯泡的情况．

6.1.1 总体与个体

我们把研究对象的全体称为**总体（或母体）**，而组成总体的每个元素称为**个体**．如上面的例子中，该工厂生产的所有的灯泡的寿命就是总体，而其中每一个灯泡的寿命就是个体．每个灯泡的寿命都对应一个实数，所以全体灯泡的寿命（总体）可以用随机变量 X 表示，而每个灯泡的寿命（个体）是随机变量 X 的一个取值．

6.1.2 抽样和样本

从总体中抽取一个个体，就相当于对代表总体的随机变量 X 进行一次试验（或观测），得到一个试验数据（或观测值）．而从总体中抽取一部分个体，就相当于对代表总体的随机变量 X 进行若干次试验（或观测），得到若干个试验数据（或观测值）．

我们把从总体中抽取若干个个体的过程称为**抽样**，抽样得到的一组试验数据（或观测值）称为**样本**，样本中所含个体的数量称为**样本容量**．由于样本随每次抽样观察而改变，所以容量为 n 的样本可以看作一个 n 维随机变量 $(X_1,X_2,\cdots,X_n)$，而一旦取定一组样本，就得到了 n 个具体的数 $(x_1,x_2,\cdots,x_n)$，称为样本的一次观测值，简称**样本观测值**．

由于抽样的目的是对总体进行统计推断，为了使抽取的样本能很好地反映总体的信息，必须考虑抽样方法．最常用的一种抽样方法称为“简单随机抽样”，它要求抽取的样本满足下面两个条件．

（1）**代表性**：样本中的每一个分量 X_i（$i=1,2,\cdots,n$）与总体 X 有相同的分布．

（2）**独立性**：每次观测的结果既不影响其他观测结果，也不受其他观测结果的影响，即 $X_1,X_2,\cdots,X_n$ 是相互独立的随机变量．

这种抽样方法称为**简单随机抽样**，所得到的样本称为**简单随机样本**．也就是说，**如果 $(X_1,X_2,\cdots,X_n)$ 是从总体 X 中抽取的简单随机样本，则 $X_1,X_2,\cdots,X_n$ 相互独立且与总体 X 同分布**．

今后，如不加特殊说明，本书中提到的抽样和样本指的都是简单随机抽样和简单随机样本．

6.1.3 统计量

为了对总体 X 进行推断，需要从总体中抽取样本 $X_1,X_2,\cdots,X_n$，再对样本进行加工处理，也就是说需要根据不同的问题构造出适用的样本函数 $g(X_1,X_2,\cdots,X_n)$．由于总体的分布未知，作为分布的重要特征的参数一般也未知，所以作为推断的依据，我们要求构造的样本函数中不含有任何未知参数．

定义 1　设 $X_1,X_2,\cdots,X_n$ 为来自总体 X 的一个简单随机样本，如果样本函数 $g(X_1,X_2,\cdots,X_n)$ 中不含有任何未知参数，则称这类样本函数为**统计量**．

例如：总体 $X\sim N(\mu,\sigma^2)$，X_1,X_2 是其样本，则当 μ 已知而 σ^2 未知时，X_1+X_2，$X_1-\mu$ 都是统计量，而 $\dfrac{2(X_1-\mu)}{\sigma}$ 和 $\dfrac{1}{\sigma^2}(X_1^2+X_2^2)$ 都不是统计量．

因为 $X_1,X_2,\cdots,X_n$ 都是随机变量，所以统计量 $g(X_1,X_2,\cdots,X_n)$ 也是一个随机变量，若 $x_1,x_2,\cdots,x_n$ 是样本观测值，则 $g(x_1,x_2,\cdots,x_n)$ 即为**统计量** $g(X_1,X_2,\cdots,X_n)$ 的**观测值**．

数理统计中最常用的 5 个统计量及其观测值有以下 5 个．

（1）样本均值

$$\overline{X}=\frac{1}{n}\sum_{i=1}^{n}X_i\ .\tag{6.1}$$

它的观测值记作

$$\overline{x}=\frac{1}{n}\sum_{i=1}^{n}x_i\ .\tag{6.2}$$

（2）样本方差

$$S^2=\frac{1}{n-1}\sum_{i=1}^{n}(X_i-\overline{X})^2=\frac{1}{n-1}\left(\sum_{i=1}^{n}X_i^2-n\overline{X}^2\right).\tag{6.3}$$

它的观测值记作

$$s^2=\frac{1}{n-1}\sum_{i=1}^{n}(x_i-\overline{x})^2=\frac{1}{n-1}\left(\sum_{i=1}^{n}x_i^2-n\overline{x}^2\right).\tag{6.4}$$

（3）样本标准差

$$S=\sqrt{S^2}=\sqrt{\frac{1}{n-1}\sum_{i=1}^{n}(X_i-\overline{X})^2}\ .\tag{6.5}$$

它的观测值记作

$$s=\sqrt{s^2}=\sqrt{\frac{1}{n-1}\sum_{i=1}^{n}(x_i-\overline{x})^2}\ .\tag{6.6}$$

（4）样本的 k 阶原点矩

$$V_k=\frac{1}{n}\sum_{i=1}^{n}X_i^k,\ k=1,2,\cdots.\tag{6.7}$$

它的观测值记作

$$v_k = \frac{1}{n}\sum_{i=1}^{n} x_i^k,\ k = 1,2,\cdots. \tag{6.8}$$

显然，样本的一阶原点矩就是样本均值.

（5）**样本的 k 阶中心矩**

$$U_k = \frac{1}{n}\sum_{i=1}^{n}(X_i - \overline{X})^k,\ i = 1,2,\cdots. \tag{6.9}$$

它的观测值记作

$$u_k = \frac{1}{n}\sum_{i=1}^{n}(x_i - \overline{x})^k,\ i = 1,2,\cdots. \tag{6.10}$$

显然，样本的一阶中心矩恒等于零，而样本的二阶中心矩与样本方差有如下关系：

$$U_2 = \frac{1}{n}\sum_{i=1}^{n}(X_i - \overline{X})^2 = \frac{n-1}{n}\cdot\frac{1}{n-1}\sum_{i=1}^{n}(X_i - \overline{X})^2 = \frac{n-1}{n}S^2. \tag{6.11}$$

例 1 从总体中抽取一组样本，其样本观测值如下：

4.5 2.0 1.0 1.5 3.5 4.5 6.5 5.0 3.5 4.0

计算样本均值、样本方差及样本的二阶中心矩的观测值.

解 把上述 10 个数据逐个输入计算器或计算机中，不难求得

$$\overline{x} = \frac{1}{10}\sum_{i=1}^{10} x_i = 3.6,$$

$$s^2 = \frac{1}{9}\sum_{i=1}^{10}(x_i - \overline{x})^2 = 2.88,$$

$$u_2 = \frac{9}{10}s^2 = 2.59.$$

6.1.4 数理统计中的几种常见分布

从总体中抽取样本后，通常就要利用样本的统计量对未知总体的分布或分布中的未知参数进行估计和推断，为此，需要进一步确定相应的统计量服从的分布. 除了在概率论中提到的常见分布之外，本节还要介绍几种在数理统计中常用的分布.

1. χ^2 分布

定义 2 若随机变量 X 的概率密度为

$$f_{\chi^2}(x) = \begin{cases} \dfrac{1}{2^{n/2}\Gamma(n/2)} x^{\frac{n}{2}-1} e^{-\frac{x}{2}}, & x \geqslant 0; \\ 0, & x < 0. \end{cases} \tag{6.12}$$

其中伽玛函数 $\Gamma(\alpha)$ 通过积分 $\Gamma(\alpha)=\int_0^{\infty} x^{\alpha-1}\mathrm{e}^{-x}\mathrm{d}x$ 来定义，则称 X 服从自由度为 n 的 χ^2 **分布**，记为 $\chi^2 \sim \chi^2(n)$.

$f_{\chi^2}(x)$ 的图形如图 6.1 所示.

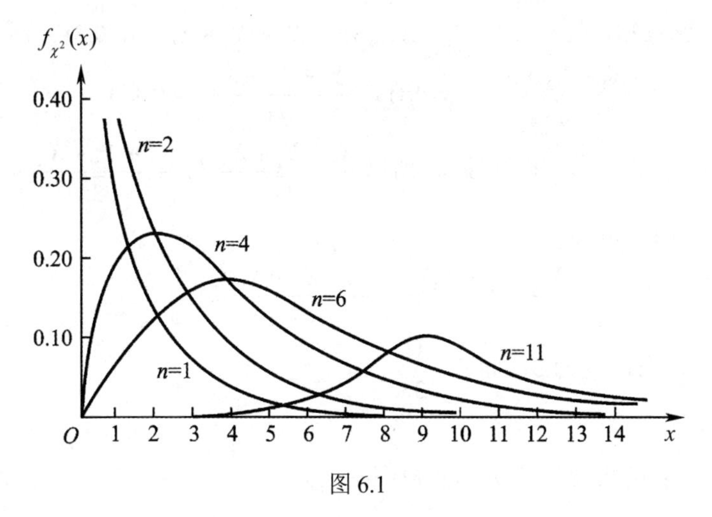

图 6.1

定义 3　设 $\chi^2 \sim \chi^2(n)$，对于给定的实数 α（$0<\alpha<1$），若存在数 $\chi_\alpha^2(n)$ 满足

$$P\{\chi^2 > \chi_\alpha^2(n)\} = \alpha, \tag{6.13}$$

则数 $\chi_\alpha^2(n)$ 称为 $\chi^2(n)$ 分布的上 α 分位点，如图 6.2 所示.

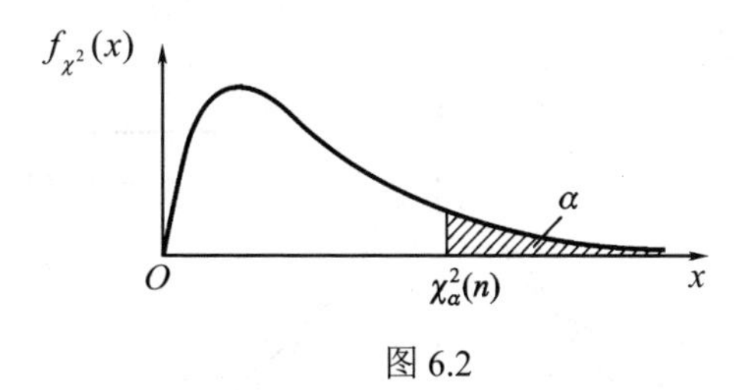

图 6.2

本书附表 3 中，对于不同的 α、n，给出了 $\chi_\alpha^2(n)$ 的值. 例如：$\chi_{0.05}^2(6)=12.592$，$\chi_{0.99}^2(20)=8.260$. 反之，若 n 和分位点已知，该表还可以查出 α 的取值. 例如：已知 $\chi^2 \sim \chi^2(15)$，则

$$P\left\{\chi^2 > 14.339\right\} = 0.50,$$

$$P\left\{\chi^2 \leqslant 22.307\right\} = 1 - P\left\{\chi^2 > 22.307\right\} = 1 - 0.10 = 0.90.$$

定理 1　设随机变量 $X_1, X_2, \cdots, X_n$ 相互独立，且均服从标准正态分布 $N(0,1)$，则随机变量

$$\chi^2 = X_1^{\ 2} + X_2^{\ 2} + \cdots + X_n^{\ 2} \sim \chi^2(n)\,. \tag{6.14}$$

例 1 设随机变量 $X_1, X_2, \cdots, X_6$ 是来自标准正态总体 $N(0,1)$ 的样本，令 $Y = (X_1 + X_2 + X_3)^2 + (X_4 + X_5 + X_6)^2$，试求常数 C，使得 CY 服从 χ^2 分布，并指出其自由度.

解 由题意知，$X_1 + X_2 + X_3 \sim N(0,3)$，$X_4 + X_5 + X_6 \sim N(0,3)$. 所以

$$\frac{X_1 + X_2 + X_3}{\sqrt{3}} \sim N(0,1)\,,\quad \frac{X_4 + X_5 + X_6}{\sqrt{3}} \sim N(0,1)\,.$$

又因为 $X_1, X_2, \cdots, X_6$ 相互独立，所以 $\dfrac{X_1 + X_2 + X_3}{\sqrt{3}}$ 与 $\dfrac{X_4 + X_5 + X_6}{\sqrt{3}}$ 也相互独立，从而根据定理 1，可知

$$\frac{(X_1 + X_2 + X_3)^2}{3} + \frac{(X_4 + X_5 + X_6)^2}{3} = \frac{Y}{3}$$

服从 χ^2 分布，自由度为 2，而 $C = \dfrac{1}{3}$.

2. t 分布

定义 4 若随机变量 X 分布的概率密度为

$$f_t(x) = \frac{\Gamma[(n+1)/2]}{\Gamma(n/2)\sqrt{n\pi}}\left(1 + \frac{x^2}{n}\right)^{-\frac{n+1}{2}}\,, \tag{6.15}$$

则称 X 服从自由度为 n 的 **t 分布**，记为 $t \sim t(n)$.

$f_t(x)$ 的图形如图 6.3 所示.

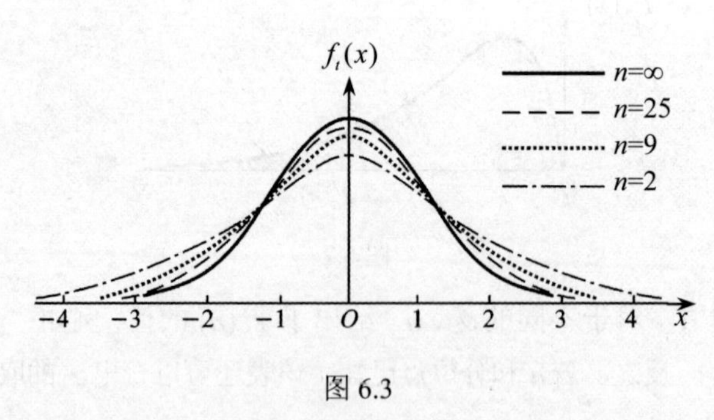

图 6.3

显然，t 分布的分布曲线关于纵坐标轴对称. 事实上，当 n 充分大时，t 分布近似于标准正态分布 $N(0,1)$，但 n 较小时，两者有较大差异.

定义 5 设 $t \sim t(n)$，对于给定的实数 α（$0 < \alpha < 1$），若存在数 $t_\alpha(n)$ 满足

$$P\{t > t_\alpha(n)\} = \alpha\,, \tag{6.16}$$

则数 $t_\alpha(n)$ 称为 $t(n)$ 分布的上 α 分位点，如图 6.4 所示.

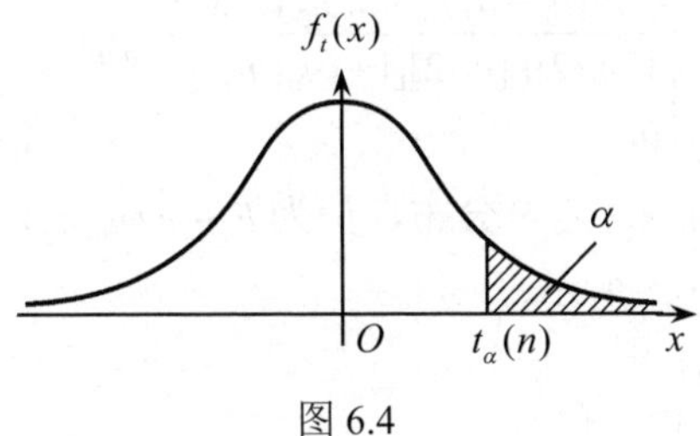

图 6.4

t 分布的上 α 分位点可由附表 4 查得．由分布曲线的对称性可知，

$$t_{1-\alpha}(n) = -t_\alpha(n) . \tag{6.17}$$

在 $n > 60$ 时，对于常用的 α 的值，可用标准正态分布近似：

$$t_\alpha(n) \approx u_\alpha . \tag{6.18}$$

例如：$t_{0.10}(9) = 1.383$，$t_{0.95}(14) = -t_{0.05}(14) = -1.761$，$t_{0.01}(68) \approx u_{0.01} \approx 2.326$.

另外，若 n 和分位点已知，由附表 4 还可以查出 α ．例如，已知随机变量 $T \sim t(10)$，则

$$P\{T > 3.169\} = 0.005 ,$$

$$P\{|T| \leqslant 1.372\} = 1 - P\{|T| > 1.372\} = 1 - 2 \times 0.1 = 0.80 .$$

定理 2　设随机变量 X 与 Y 相互独立，X 服从标准正态分布 $N(0,1)$，Y 服从自由度为 n 的 χ^2 分布，则随机变量

$$t = \frac{X}{\sqrt{Y/n}} \sim t(n) . \tag{6.19}$$

例 2　设随机变量 $X, Y_1, Y_2, \cdots, Y_9$ 相互独立且都服从标准正态分布 $N(0,1)$，证明：$Z = \dfrac{3X}{\sqrt{Y_1^2 + \cdots + Y_9^2}}$ 服从 t 分布，并指出其自由度．

证　由条件知，$Y_1, Y_2, \cdots, Y_9$ 相互独立且都服从标准正态分布，所以

$$\chi^2 = Y_1^2 + \cdots + Y_9^2 \sim \chi^2(9) .$$

而

$$Z = \frac{3X}{\sqrt{Y_1^2 + \cdots + Y_9^2}} = \frac{X}{\sqrt{\chi^2/9}} ,$$

其中：（1）$X \sim N(0,1)$，（2）$\chi^2 \sim \chi^2(9)$，（3）X 与 $\chi^2 = Y_1^2 + \cdots + Y_9^2$ 相互独立．根据定理 2，可知：Z 服从 t 分布，自由度为 9.

3. F 分布

定义 6　若随机变量 X 的概率密度为

$$f_F(x)=\begin{cases}\dfrac{\Gamma[(n_1+n_2)/2](n_1/n_2)^{n_1/2}x^{(n_1/2)-1}}{\Gamma[n_1/2]\Gamma[n_2/2][1+(n_1x/n_2)]^{(n_1+n_2)/2}}, & x>0;\\ 0, & x\leqslant 0.\end{cases}\tag{6.20}$$

则称 X 服从自由度为 (n_1,n_2) 的 F **分布**，记为 $F\sim F(n_1,n_2)$.

$f_F(x)$ 的图形如图 6.5 所示.

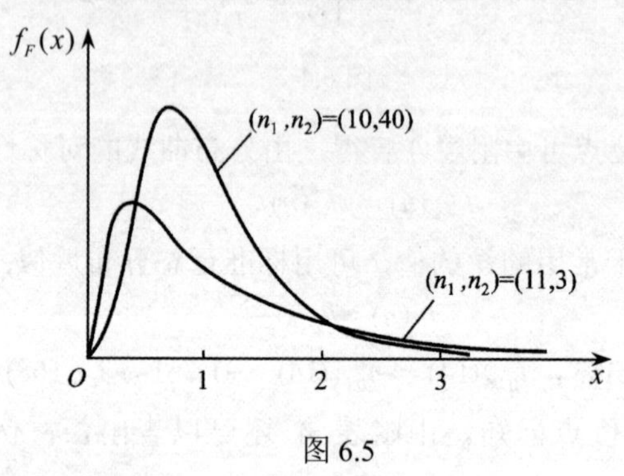

图 6.5

由定义可知，若 $F\sim F(n_1,n_2)$，则 $\dfrac{1}{F}\sim F(n_2,n_1)$.

定义 7 设 $F\sim F(n_1,n_2)$，对于给定的实数 α（$0<\alpha<1$），若存在数 $F_\alpha(n_1,n_2)$ 满足

$$P\{F>F_\alpha(n_1,n_2)\}=\alpha,\tag{6.21}$$

则数 $F_\alpha(n_1,n_2)$ 称为 $F(n_1,n_2)$ 分布的上 α 分位点，如图 6.6 所示.

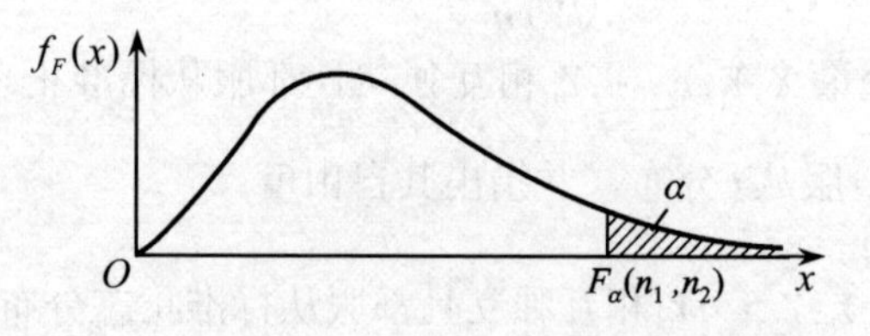

图 6.6

F 分布的上 α 分位点可由附表 5 查得. 容易证明下面等式：

$$F_{1-\alpha}(n_1,n_2)=\frac{1}{F_\alpha(n_2,n_1)}.\tag{6.22}$$

利用这个等式，可以求得 $\alpha=0.9$、0.95、0.975、0.99、0.995 时的 $F_\alpha(n_1,n_2)$ 值. 例如，$F_{0.995}(3,8)=\dfrac{1}{F_{0.005}(8,3)}=\dfrac{1}{44.13}\approx 0.022\,7$.

定理 3 设随机变量 X 与 Y 相互独立，且分别服从自由度为 n_1 与 n_2 的 χ^2 分布，即 $X\sim\chi^2(n_1)$，$Y\sim\chi^2(n_2)$，则随机变量

$$F = \frac{X/n_1}{Y/n_2} \sim F(n_1, n_2) . \qquad (6.23)$$

例 3　设随机变量 $X_1, \cdots, X_5$ 是来自标准正态分布总体 $N(0,1)$ 的样本，证明：$Z = \frac{3(X_1^2 + X_2^2)}{2(X_3^2 + X_4^2 + X_5^2)}$ 服从 F 分布，并指出其自由度.

证　由题意知，$X_1, X_2, \cdots, X_5$ 相互独立且都服从标准正态分布 $N(0,1)$，从而 $X_1^2 + X_2^2 \sim \chi^2(2)$，$X_3^2 + X_4^2 + X_5^2 \sim \chi^2(3)$，并且二者相互独立，因此

$$Z = \frac{3(X_1^2 + X_2^2)}{2(X_3^2 + X_4^2 + X_5^2)} = \frac{\frac{X_1^2 + X_2^2}{2}}{\frac{X_3^2 + X_4^2 + X_5^2}{3}}$$

服从 F 分布，自由度为 $(2,3)$.

习题 6.1

1．已知样本观测值为

13.7　13.08　13.11　13.11　13.13

计算样本均值与样本方差的观测值.

2．设抽样得到 100 个观测值如下：

观测值 x_i	0	1	2	3	4	5
频数 m_i	14	21	26	19	12	8

计算样本均值、样本方差及样本二阶中心距的观测值.

3．设总体 $X \sim N(\mu, \sigma^2)$，$X_1, X_2, \cdots, X_n$ 是来自总体的一个样本，证明：统计量 $\chi^2 = \frac{1}{\sigma^2}\sum_{i=1}^{n}(X_i - \mu)^2$ 服从自由度为 n 的 χ^2 分布.

4．查表求 $\chi^2_{0.99}(12)$，$\chi^2_{0.01}(12)$，$t_{0.99}(12)$，$t_{0.01}(12)$，$F_{0.05}(24,28)$，$F_{0.95}(12,9)$.

§ 6.2　正态总体的抽样分布

在研究数理统计问题时往往需要知道所讨论的统计量的分布，一般来说，要确定某个统计量的分布是困难的，但是对于正态总体的情况，已经有了详细的研究．下面给出几个相关的重要定理.

6.2.1 单个正态总体的统计量的分布

从总体X中抽取容量为n的样本$X_1,X_2,\cdots,X_n$，样本均值与样本方差分别是

$$\overline{X}=\frac{1}{n}\sum_{i=1}^{n}X_i\text{，}\quad S^2=\frac{1}{n-1}\sum_{i=1}^{n}(X_i-\overline{X})^2\text{.}$$

定理 1 若$X_1,X_2,\cdots,X_n$是来自正态总体$N(\mu,\sigma^2)$的样本，则样本均值$\overline{X}$与样本方差S^2相互独立，并且

（1）$u=\dfrac{\overline{X}-\mu}{\sigma/\sqrt{n}}\sim N(0,1)$；

（2）$\chi^2=\dfrac{1}{\sigma^2}\sum\limits_{i=1}^{n}(X_i-\mu)^2\sim\chi^2(n)$；

（3）$\chi^2=\dfrac{(n-1)S^2}{\sigma^2}=\dfrac{1}{\sigma^2}\sum\limits_{i=1}^{n}(X_i-\overline{X})^2\sim\chi^2(n-1)$；

（4）$t=\dfrac{\overline{X}-\mu}{S/\sqrt{n}}\sim t(n-1)$.

证 （1）因为$X_1,X_2,\cdots,X_n$相互独立且都服从正态分布$N(\mu,\sigma^2)$，所以由正态分布的性质可知，它们的线性组合

$$\overline{X}=\frac{1}{n}\sum_{i=1}^{n}X_i=\sum_{i=1}^{n}\frac{X_i}{n}$$

服从正态分布$N\left(\mu,\dfrac{\sigma^2}{n}\right)$，从而$\dfrac{\overline{X}-\mu}{\sigma/\sqrt{n}}\sim N(0,1)$.

（2）因为$X_1,X_2,\cdots,X_n$相互独立且都服从正态分布$N(\mu,\sigma^2)$，所以$\dfrac{X_1-\mu}{\sigma},\dfrac{X_2-\mu}{\sigma},\cdots,\dfrac{X_n-\mu}{\sigma}$也相互独立且都服从正态分布$N(0,1)$，根据$\chi^2$分布的定义，有

$$\chi^2=\frac{1}{\sigma^2}\sum_{i=1}^{n}(X_i-\mu)^2=\sum_{i=1}^{n}\left(\frac{X_i-\mu}{\sigma}\right)^2\sim\chi^2(n)\text{.}$$

（3）略.

（4）由上述定理 1（1）知

$$u=\frac{\overline{X}-\mu}{\sigma/\sqrt{n}}\sim N(0,1)\text{；}$$

又由上述定理 1（3）知

$$\chi^2=\frac{(n-1)S^2}{\sigma^2}\sim\chi^2(n-1)\text{.}$$

因为样本均值 $\overline{X}$ 与样本方差 S^2 相互独立，所以 $u=\dfrac{\overline{X}-\mu}{\sigma/\sqrt{n}}$ 与 $\chi^2=\dfrac{(n-1)S^2}{\sigma^2}$ 也相互独立，根据 t 分布的定义可知

$$t=\frac{u}{\sqrt{\dfrac{\chi^2}{n-1}}}=\frac{\dfrac{\overline{X}-\mu}{\sigma/\sqrt{n}}}{\sqrt{\dfrac{(n-1)S^2/\sigma^2}{n-1}}}=\frac{\overline{X}-\mu}{S/\sqrt{n}}\sim t(n-1).$$

例 1　设总体 $X\sim N(\mu,\sigma^2)$，从总体中抽取容量为 25 的样本，求样本均值 $\overline{X}$ 与总体均值 μ 之差的绝对值大于 2 的概率，如果

（1）已知总体方差 $\sigma^2=16$；

（2）未知总体方差 σ^2，但已知样本方差的观测值 $s^2=23.47$.

解　（1）已知 $n=25$，由上述定理 1（1）可知

$$u=\frac{\overline{X}-\mu}{\sigma/\sqrt{n}}=\frac{\overline{X}-\mu}{4/\sqrt{25}}\sim N(0,1),$$

所以

$$\begin{aligned}P\left\{\left|\overline{X}-\mu\right|>2\right\}&=P\left\{\frac{\left|\overline{X}-\mu\right|}{4/\sqrt{25}}>\frac{2}{4/\sqrt{25}}\right\}\\&=P\{|U|>2.5\}=2P\{U>2.5\}=2[1-P\{U\leqslant 2.5\}]\\&=2(1-\Phi(2.5))=2(1-0.993\,8)=0.012\,4.\end{aligned}$$

（2）已知 $s^2=23.47$，由上述定理 1（4）可知

$$t=\frac{\overline{X}-\mu}{S/\sqrt{n}}=\frac{\overline{X}-\mu}{\sqrt{23.47/25}}\sim t(24),$$

所以

$$\begin{aligned}P\left\{\left|\overline{X}-\mu\right|>2\right\}&=P\left\{\frac{\left|\overline{X}-\mu\right|}{\sqrt{23.47/25}}>\frac{2}{\sqrt{23.47/25}}\right\}\\&=P\{|t|>2.064\}=2P\{t>2.064\},\end{aligned}$$

由于 $t_{0.025}(24)=2.064$，因此

$$P\left\{\left|\overline{X}-\mu\right|>2\right\}=2\times 0.025=0.05.$$

例 2　设总体 $X\sim N(\mu,1)$，从总体中抽取容量为 20 的样本 $X_1,X_2,\cdots,X_{20}$.
如果

（1）已知 $\mu=1$，求 $P\left\{\sum\limits_{i=1}^{20}(X_i-1)^2<25.04\right\}$；

（2）未知μ，求$P\left\{\sum_{i=1}^{20}(X_i-\overline{X})^2<30.144\right\}$.

解　（1）已知$\mu=1$，由上述定理1（2）知

$$\chi_1^2=\frac{1}{\sigma^2}\sum_{i=1}^{n}(X_i-\mu)^2=\sum_{i=1}^{20}\left(X_i-1\right)^2\sim\chi^2(20),$$

所以

$$P\left\{\sum_{i=1}^{20}\left(X_i-1\right)^2<25.04\right\}=P\left\{\chi_1^2<25.04\right\}=1-P\left\{\chi_1^2\geqslant 25.04\right\},$$

由于$\chi_{0.2}^2(20)=25.04$，因此

$$P\left\{\sum_{i=1}^{20}\left(X_i-1\right)^2<25.04\right\}=1-0.2=0.8.$$

（2）未知μ，由上述定理1（3）知

$$\chi_2^2=\frac{1}{\sigma^2}\sum_{i=1}^{n}(X_i-\overline{X})^2=\sum_{i=1}^{20}(X_i-\overline{X})^2\sim\chi^2(19),$$

所以

$$P\left\{\sum_{i=1}^{20}(X_i-\overline{X})^2<30.144\right\}=P\left\{\chi_2^2<30.144\right\}=1-P\left\{\chi_2^2\geqslant 30.144\right\},$$

由于$\chi_{0.05}^2(19)=30.144$，因此

$$P\left\{\sum_{i=1}^{20}(X_i-\overline{X})^2<30.144\right\}=1-0.05=0.95.$$

6.2.2　两个正态总体的统计量的分布

从总体X中抽取容量为n_1的样本$X_1,X_2,\cdots,X_{n_1}$，从总体Y中抽取容量为n_2的样本$Y_1,Y_2,\cdots,Y_{n_2}$，假设所有的抽样都是相互独立的，由此得到的样本$X_1,X_2,\cdots,X_{n_1}$，$Y_1,Y_2,\cdots,Y_{n_2}$都是相互独立的随机变量. 我们把取自总体X及Y的样本均值分别记为

$$\overline{X}=\frac{1}{n_1}\sum_{i=1}^{n_1}X_i,\quad \overline{Y}=\frac{1}{n_2}\sum_{i=1}^{n_2}Y_i,$$

样本方差分别记为

$$S_1{}^2=\frac{1}{n_1-1}\sum_{i=1}^{n_1}(X_i-\overline{X})^2,\quad S_2{}^2=\frac{1}{n_2-1}\sum_{i=1}^{n_2}(Y_i-\overline{Y})^2.$$

定理2　设总体X服从正态分布$N(\mu_1,\sigma_1^2)$，总体Y服从正态分布$N(\mu_2,\sigma_2^2)$，则

$$U=\frac{(\overline{X}-\overline{Y})-(\mu_1-\mu_2)}{\sqrt{\frac{\sigma_1^2}{n_1}+\frac{\sigma_2^2}{n_2}}}\sim N(0,1).\tag{6.24}$$

推论　设总体 X 服从正态分布 $N(\mu_1,\sigma^2)$，总体 Y 服从正态分布 $N(\mu_2,\sigma^2)$，则

$$U=\frac{(\overline{X}-\overline{Y})-(\mu_1-\mu_2)}{\sigma\sqrt{\frac{1}{n_1}+\frac{1}{n_2}}}\sim N(0,1).\tag{6.25}$$

定理 3　设总体 X 服从正态分布 $N(\mu_1,\sigma_1^2)$，总体 Y 服从正态分布 $N(\mu_2,\sigma_2^2)$，则

（1）$F=\dfrac{\sum\limits_{i=1}^{n_1}(X_i-\mu_1)^2/(n_1\sigma_1^2)}{\sum\limits_{j=1}^{n_2}(Y_j-\mu_2)^2/(n_2\sigma_2^2)}\sim F(n_1,n_2)$；

（2）$F=\dfrac{S_1^2/\sigma_1^2}{S_2^2/\sigma_2^2}\sim F(n_1-1,n_2-1)$.

定理 4　设总体 X 服从正态分布 $N(\mu_1,\sigma^2)$，总体 Y 服从正态分布 $N(\mu_2,\sigma^2)$，则

$$T=\frac{(\overline{X}-\overline{Y})-(\mu_1-\mu_2)}{S_w\sqrt{\frac{1}{n_1}+\frac{1}{n_2}}}\sim t(n_1+n_2-2),\tag{6.26}$$

其中

$$S_w=\sqrt{\frac{(n_1-1)S_1^2+(n_2-1)S_2^2}{n_1+n_2-2}}.\tag{6.27}$$

习题 6.2

1．设总体 $X\sim N(40,5^2)$，

（1）抽取容量为 36 的样本，求样本均值 $\overline{X}$ 在 38～43 之间的概率；

（2）抽取容量为 64 的样本，求 $|\overline{X}-40|<1$ 的概率；

（3）抽取样本容量 n 多大时，才能使概率 $P\{|\overline{X}-40|<1\}$ 达到 0.95？

2．设总体 $X\sim N(\mu,0.5^2)$，抽取容量为 10 的样本 $X_1,X_2,\cdots,X_{10}$.

（1）已知 $\mu=0$，求 $\sum\limits_{i=1}^{10}X_i^2\geqslant 4$ 的概率；

（2）μ 未知，求 $\sum\limits_{i=1}^{10}(X_i-\overline{X})^2<2.85$ 的概率.

总习题六

6.1 已知样本观测值为

15.8 24.2 14.5 17.4 13.2 20.8

17.9 19.1 21.0 18.5 16.4 22.6

计算样本均值与样本方差的观测值.

6.2 在一小时内观测电话用户对电话站的呼唤次数，按每分钟统计，得到观测数据列表如下：

呼唤次数 x_i/min	0	1	2	3	4	5	6
频数 m_i	8	16	17	10	6	2	1

计算样本均值和样本方差的观测值.

6.3 设随机变量 X_1,X_2,X_3,X_4 相互独立且都服从标准正态分布 $N(0,1)$ ，$\overline{X}$ 是算术平均值，证明：$4\overline{X}^2=\dfrac{(X_1+X_2+X_3+X_4)^2}{4}$ 服从 χ^2 分布，并指出其自由度.

6.4 设总体 $X\sim N(\mu,\sigma^2)$ ，抽取样本 $X_1,X_2,\cdots,X_n$ ，样本均值和样本方差分别为 $\overline{X}$ 和 S^2 ，如果再抽取一个样本 X_{n+1} ，证明：$\sqrt{\dfrac{n}{n+1}}\dfrac{X_{n+1}-\overline{X}}{S}\sim t(n-1)$.

6.5 已知随机变量 $X\sim t(n)$ ，求证：$X\sim F(1,n)$.

6.6 设 $X_1,X_2,\cdots,X_5$ 是独立且服从标准正态分布的随机变量，且每个 X_i（ $i=1,2,\cdots,5$ ）都服从标准正态分布 $N(0,1)$.

（1）试给出常数 c ，使得 $c(X_1^2+X_2^2)$ 服从 χ^2 分布，并指出其自由度；

（2）试给出常数 d ，使得 $d\dfrac{X_1+X_2}{\sqrt{X_1^2+X_2^2+X_3^2}}$ 服从 t 分布，并指出其自由度.

6.7 从一正态总体中抽取容量为 16 的样本，假定样本均值和总体均值之差的绝对值大于 2 的概率为 0.01，试求总体的标准差.

6.8 设 $X_1,X_2,\cdots,X_{16}$ 及 $Y_1,Y_2,\cdots,Y_9$ 分别是取自两个独立总体 $N(0,16)$ 及 $N(1,9)$ 的样本，以 $\overline{X}$ 及 $\overline{Y}$ 分别表示两个样本均值，求 $P\{|\overline{X}-\overline{Y}|>1\}$.

6.9 设总体 $X\sim N(\mu,9)$ ，从总体中抽取容量为 10 的样本，其样本方差为 S^2 ，且 $P\{S^2>a\}=0.1$ ，求 a 的值.

6.10 随机变量 X,Y 相互独立，且 $X\sim N(\mu_1,10)$ ，$Y\sim N(\mu_2,15)$ ，现在从这两个总体中分别抽取容量分别为 25 和 31 的样本，其样本方差分别记为 S_1^2 和 S_2^2 ，试

求 $P\left\{\frac{S_1^2}{S_2^2}>1.39\right\}$.

6.11　设总体 $X \sim N(\mu,\sigma^2)$，从总体中抽取容量为 9 的样本，求样本均值 $\overline{X}$ 与总体均值 μ 之差的绝对值小于 2 的概率，如果

（1）已知总体方差 $\sigma^2 = 16$；

（2）未知总体方差 σ^2，但已知样本方差的观测值 $s^2 = 18.49$.

6.12　设总体 $X \sim N(\mu,2^2)$，从总体中抽取容量为 16 的样本 $X_1, X_2, \cdots, X_{16}$.

（1）已知 $\mu = 0$，求 $P\left\{\sum_{i=1}^{16} X_i^2 < 128\right\}$；

（2）未知 μ，求 $P\left\{\sum_{i=1}^{16}(X_i - \overline{X})^2 < 100\right\}$.

第7章　参数估计

本章学习目标

数理统计的核心问题是统计推断，即依据从总体取得的简单随机样本对总体的情况进行估计和推断. 统计推断一般分为两类：一类是估计问题，另一类是假设检验.

在许多实际问题中，我们常常需要估计一些未知参数的值，这些参数可能是总体分布中的参数，或者是当总体的分布未知时，总体中的某些未知的数字特征. 例如，已知某电子管的寿命 X 是一个随机变量，由实践经验知道它服从指数分布 $\mathrm{e}(\lambda)$，而其中参数 λ 未知. 又如，分析某院校学生英语成绩时，根据以往的经验，学生成绩应服从正态总体 $N(\mu,\sigma^2)$，但这里的 μ 和 σ^2 却不知道. 通过样本对总体中的未知参数进行估计的问题就是参数估计问题.

通过本章的学习，重点掌握以下内容：

- 矩估计和极大似然估计方法
- 区间估计的含义
- 正态总体参数的置信区间的求法

§7.1　点估计

7.1.1　估计问题

已知总体 X 的分布函数的形式，在分布函数中有一个或多个未知参数，借助样本来估计这些未知参数的值. 这类问题称为参数的**点估计问题**.

定义 1　设 θ 为总体 X 的待估计参数，$X_1,X_2,\cdots,X_n$ 是来自总体 X 的一组样本，$x_1,x_2,\cdots,x_n$ 是相应的样本观测值. 点估计问题就是构造一个适当的统计量 $\hat{\theta}(X_1,X_2,\cdots,X_n)$，用它的观测值 $\hat{\theta}(x_1,x_2,\cdots,x_n)$ 作为未知参数 θ 的近似值. 称 $\hat{\theta}(X_1,X_2,\cdots,X_n)$ 为 θ 的**估计量**，$\hat{\theta}(x_1,x_2,\cdots,x_n)$ 为 θ 的**估计值**.

1. 矩估计法

设总体 X 的分布函数为 $F(x;\theta_1,\theta_2,\cdots,\theta_m)$，$\theta_1,\theta_2,\cdots,\theta_m$ 为未知参数，假定总体 X 的 $1,2,\cdots,m$ 阶原点矩都存在，一般来说，它们都是 $\theta_1,\theta_2,\cdots,\theta_m$ 的函数，即

$$v_k(X)=E(X^k)=v_k(\theta_1,\theta_2,\cdots,\theta_m)\text{，}\quad k=1,2,\cdots,m\,.$$

从总体 X 中抽取样本 $X_1,X_2,\cdots,X_n$，样本的 k 阶原点矩为 $V_k=\frac{1}{n}\sum_{i=1}^{n}X_i^k$.

矩估计的思想就是用样本的 k 阶原点矩代替总体的 k 阶原点矩，即令

$$E(X^k)=\frac{1}{n}\sum_{i=1}^{n}X_i^k,\ k=1,2,\cdots,m \tag{7.1}$$

求解该方程组，得 $\hat{\theta}_i(X_1,X_2,\cdots,X_n)$，$i=1,2,\cdots,m$，称 $\hat{\theta}_i(X_1,X_2,\cdots,X_n)$ 为 θ_i 的矩估计量。

例 1　设总体 X 的分布律为

X	-1	0	1
P	2θ	$\frac{1}{2}-\theta$	$\frac{1}{2}-\theta$

其中 $\theta\left(0<\theta<\frac{1}{2}\right)$ 是未知参数，$x_1, x_2,\cdots,x_n$ 是来自总体 X 的样本观测值，试求参数 θ 的矩估计值.

解　总体的一阶原点矩为

$$v_1=E(X)=-2\theta+\frac{1}{2}-\theta=\frac{1}{2}-3\theta\text{，}$$

样本的一阶原点矩为

$$V_1=\frac{1}{n}\sum_{i=1}^{n}X_i=\bar{X}\,.$$

用样本的一阶原点矩作为总体的一阶原点矩的估计量，即令

$$\frac{1}{2}-3\theta=\frac{1}{n}\sum_{i=1}^{n}X_i=\bar{X}$$

解得 θ 的矩估计量为

$$\hat{\theta}=\frac{1-2\bar{X}}{6}$$

θ 的矩估计值为

$$\hat{\theta}=\frac{1-2\bar{x}}{6}\,.$$

例 2　设总体 $X\sim U[a,1]$，$x_1, x_2,\cdots,x_n$ 是来自总体 X 的样本观测值，试求参

数 a 的矩估计值.

解 总体的一阶原点矩为

$$v_1(X)=E(X)=\frac{a+1}{2},$$

样本的一阶原点矩为

$$V_1=\frac{1}{n}\sum_{i=1}^{n}X_i=\bar{X}.$$

用样本的一阶原点矩作为总体的一阶原点矩的估计量，即令

$$\frac{a+1}{2}=\bar{X}$$

解得 a 的矩估计量为

$$\hat{a}=2\bar{X}-1$$

于是 a 的矩估计值为

$$\hat{a}=2\bar{x}-1.$$

例 3 设总体 X 的均值 μ 和方差 σ^2（$\sigma>0$）都存在，μ、σ^2 未知. $X_1,X_2,\cdots,X_n$ 是来自总体 X 的样本，试求 μ、σ^2 的矩估计量.

解 总体的一阶原点矩为

$$v_1(X)=E(X)=\mu,$$

总体的二阶原点矩为

$$v_2(X)=E(X^2)=[E(X)]^2+D(X)=\mu^2+\sigma^2,$$

样本的一阶原点矩为

$$V_1=\frac{1}{n}\sum_{i=1}^{n}X_i=\bar{X},$$

样本的二阶原点矩为

$$V_2=\frac{1}{n}\sum_{i=1}^{n}X_i^{2}.$$

由矩估计法，令总体的一阶原点矩等于样本的一阶原点矩；总体的二阶原点矩等于样本的二阶原点矩，得方程组

$$\begin{cases}\mu=\dfrac{1}{n}\sum_{i=1}^{n}X_i=\bar{X},\\ \mu^2+\sigma^2=\dfrac{1}{n}\sum_{i=1}^{n}X_i^{2}.\end{cases}$$

解方程组得到 μ、σ^2 的矩估计量分别为

$$\begin{cases} \hat{\mu} = \dfrac{1}{n}\sum_{i=1}^{n} X_i = \bar{X}, \\ \hat{\sigma}^2 = \dfrac{1}{n}\sum_{i=1}^{n} X_i^2 - \bar{X}^2 = \dfrac{1}{n}(\sum_{i=1}^{n} X_i - n\bar{X}^2) = \dfrac{n-1}{n} S^2. \end{cases}$$

2. 极大似然估计法

在随机试验中，概率大的事件发生的可能性就大．如果在一次试验中，某个事件发生了，我们有理由认为它发生的概率是最大的．假如已经取得一组样本观测值 $x_1, x_2, \cdots, x_n$，则认为事件 $A = \{X_1 = x_1, X_2 = x_2, \cdots, X_n = x_n\}$ 发生的概率最大，这就是所谓的**极大似然原理**.

下面分别就离散型总体和连续型总体作具体分析.

若总体 X 是离散型随机变量，分布律为 $P\{X = x\} = p(x;\theta)$，其中 θ 为待估计的参数．设 $x_1, x_2, \cdots, x_n$ 是取自总体 X 的一组样本观测值，也就是说事件 $A = \{X_1 = x_1, X_2 = x_2, \cdots, X_n = x_n\}$ 发生了．因为随机变量 $X_1, X_2, \cdots, X_n$ 相互独立，且与总体 X 有相同的分布律，所以此事件发生的概率为

$$P\{X_1 = x_1, X_2 = x_2, \cdots, X_n = x_n\} = P\{X_1 = x_1\}P\{X_2 = x_2\}\cdots P\{X_n = x_n\}$$
$$= \prod_{i=1}^{n} p(x_i;\theta).$$

这一概率随 θ 的取值而变化，它是 θ 的函数，记为 $L(\theta)$．即

$$L(\theta) = \prod_{i=1}^{n} p(x_i;\theta), \tag{7.2}$$

称 $L(\theta)$ 为**离散型总体的似然函数**.

若总体 X 是连续型随机变量，其概率密度为 $f(x;\theta)$，其中 θ 为待估计的参数．设 $x_1, x_2, \cdots, x_n$ 是取自总体 X 的一组样本观测值，则定义

$$L(\theta) = L(x_1, x_2, \cdots, x_n;\theta) = \prod_{i=1}^{n} f(x_i;\theta) \tag{7.3}$$

为**连续型总体的似然函数**.

对于一组样本观测值 $x_1, x_2, \cdots, x_n$，在 θ 取值的可能范围内挑选能使似然函数 $L(\theta) = L(x_1, x_2, \cdots, x_n;\theta)$ 达到最大值的参数 $\hat{\theta}$，把 $\hat{\theta}$ 作为未知参数 θ 的估计值．即取 $\hat{\theta}$ 使 $L(x_1, x_2, \cdots, x_n;\hat{\theta}) = \max L(x_1, x_2, \cdots, x_n;\theta)$.

这样得到的 $\hat{\theta}$ 与样本观测值 $x_1, x_2, \cdots, x_n$ 有关，记为 $\hat{\theta}(x_1, x_2, \cdots, x_n)$，称为参数 θ 的**极大似然估计值**，而相应的统计量 $\hat{\theta}(X_1, X_2, \cdots, X_n)$ 称为参数 θ 的**极大似然估计量**.

极大似然估计值的求解步骤如下：

（1）由总体分布写出似然函数$L(\theta)$；

（2）建立**似然方程**，即令$\frac{\mathrm{d}}{\mathrm{d}\theta}L(\theta)=0$，或$\frac{\mathrm{d}}{\mathrm{d}\theta}\ln L(\theta)=0$（这个方程也称为**对数似然方程**）；

（3）解上述似然方程或对数似然方程，得参数θ的极大似然估计值$\hat{\theta}$.

注 在第（2）步中要求的是$L(\theta)$的最大值点，$L(\theta)$一般都是多个函数的乘积，积分不易计算，而$\ln L(\theta)$的最大值点与$L(\theta)$的最大值点相同，又可以把函数乘积的对数变成函数对数的和，从而简化计算．因此，求参数θ的极大似然估计值时一般都用 $\frac{\mathrm{d}}{\mathrm{d}\theta}\ln L(\theta)=0$.

例 4 设总体X服从几何分布：$p(x;p)=p(1-p)^{x-1}$，$x=1,2,\cdots$.如果取得样本观测值为$x_1,x_2,\cdots,x_n$，求参数p的极大似然估计值.

解 似然函数$L(p)=\prod_{i=1}^{n}(p(1-p)^{x_i-1})=p^n(1-p)^{\sum_{i=1}^{n}x_i-n}$．取对数，得

$$\ln L(p)=n\ln p+(\sum_{i=1}^{n}x_i-n)\ln(1-p).$$

令
$$\frac{\mathrm{d}[\ln L(p)]}{\mathrm{d}p}=\frac{n}{p}-\frac{1}{1-p}(\sum_{i=1}^{n}x_i-n)=0,$$

得参数p的极大似然估计值为

$$\hat{p}=\frac{n}{\sum_{i=1}^{n}x_i}=\frac{1}{\overline{x}}.$$

例 5 设总体X的概率密度为

$$f(x;\theta)=\begin{cases}(\theta+1)x^{\theta}, & 0<x<1;\\ 0, & \text{其他}.\end{cases}$$

其中$\theta>-1$是未知参数．如果取得样本观测值$x_1,x_2,\cdots,x_n$，试求参数θ的矩估计值与极大似然估计值.

解 （1）求矩估计值．总体的一阶原点矩为

$$v_1(X)=E(X)=\int_0^1 xf(x)\mathrm{d}x=\int_0^1(\theta+1)x^{(\theta+1)}\mathrm{d}x=\frac{\theta+1}{\theta+2}$$

样本的一阶原点矩为

$$V_1=\frac{1}{n}\sum_{i=1}^{n}X_i=\overline{X}$$

用样本的一阶原点矩作为总体的一阶原点矩的估计值，即令

$$\frac{\theta+1}{\theta+2}=\frac{1}{n}\sum_{i=1}^{n}x_i=\overline{x},$$

解得θ的矩估计值为

$$\hat{\theta}=\frac{2\overline{x}-1}{1-\overline{x}}.$$

（2）求极大似然估计值．似然函数为

$$L(\theta)=\prod_{i=1}^{n}(\theta+1)x_i^{\theta}=(\theta+1)^n(x_1x_2\cdots x_n)^{\theta},$$

取对数，得

$$\ln L(\theta)=n\ln(\theta+1)+\theta\sum_{i=1}^{n}\ln x_i,$$

令

$$\frac{\mathrm{d}[\ln L(\theta)]}{\mathrm{d}\theta}=\frac{n}{\theta+1}+\sum_{i=1}^{n}\ln x_i=0,$$

得参数θ的极大似然估计值为

$$\hat{\theta}=-1-\frac{n}{\sum_{i=1}^{n}\ln x_i}.$$

例 6　设总体$X\sim N(\mu,\sigma^2)$，其中μ、σ^2未知，$x_1,x_2,\cdots,x_n$是来自总体X的一组样本观测值，求参数μ、σ^2的极大似然估计量．

解　正态总体X的概率密度为

$$f(x;\mu,\sigma^2)=\frac{1}{\sqrt{2\pi}\sigma}\mathrm{e}^{-\frac{(x-\mu)^2}{2\sigma^2}}.$$

似然函数为

$$\begin{aligned}L(\mu,\sigma^2)&=\prod_{i=1}^{n}f(x_i;\mu,\sigma^2)\\&=\prod_{i=1}^{n}\frac{1}{\sqrt{2\pi}\sigma}\mathrm{e}^{-\frac{(x_i-\mu)^2}{2\sigma^2}}\\&=(2\pi)^{-\frac{n}{2}}(\sigma^2)^{-\frac{n}{2}}\mathrm{e}^{-\frac{1}{2\sigma^2}\sum_{i=1}^{n}(x_i-\mu)^2},\end{aligned}$$

取对数得

$$\ln L(\mu,\sigma^2)=-\frac{n}{2}\ln(2\pi)-\frac{n}{2}\ln(\sigma^2)-\frac{1}{2\sigma^2}\sum_{i=1}^{n}(x_i-\mu)^2.$$

令

$$\begin{cases}\dfrac{\partial}{\partial\mu}\ln L=\dfrac{1}{\sigma^2}(\sum\limits_{i=1}^{n}x_i-n\mu)=0,\\ \dfrac{\partial}{\partial\sigma^2}\ln L=-\dfrac{n}{2\sigma^2}+\dfrac{1}{2(\sigma^2)^2}\sum\limits_{i=1}^{n}(x_i-\mu)^2=0.\end{cases}$$

解上述方程组，得μ、σ^2的极大似然估计值分别为

$$\hat{\mu}=\frac{1}{n}\sum_{i=1}^{n}x_i=\bar{x},$$

$$\hat{\sigma}^2=\frac{1}{n}\sum_{i=1}^{n}(x_i-\bar{x})^2 .$$

极大似然估计量分别为

$$\hat{\mu}=\frac{1}{n}\sum_{i=1}^{n}X_i=\bar{X},$$

$$\hat{\sigma}^2=\frac{1}{n}\sum_{i=1}^{n}(X_i-\bar{X})^2=\frac{n-1}{n}S^2 .$$

7.1.2 估计量的评判标准

对于总体的同一个未知参数，用不同的方法所求得的估计量往往是不一样的，因此出现估计量的评判标准问题.

1. 无偏性

无偏性要求估计量的取值要以参数真值为中心左右摆动，即估计量的数学期望等于待估参数的真值.

定义 2 如果参数θ的估计量$\hat{\theta}=\hat{\theta}(X_1,X_2,\cdots,X_n)$的数学期望$E(\hat{\theta})$存在，且

$$E(\hat{\theta})=\theta , \tag{7.4}$$

则称$\hat{\theta}$是参数θ的**无偏估计量**.

例 7 设$X_1,X_2,\cdots,X_n$是来自总体X的样本，作为总体均值$E(X)$的估计量$T_1=\overline{X}=\frac{1}{n}\sum\limits_{i=1}^{n}X_i$, $T_2=X_1$, $T_3=\sum\limits_{i=1}^{n}a_iX_i$，其中$a_i>0$（$i=1,2,\cdots,n$），且$\sum\limits_{i=1}^{n}a_i=1$. 试证$T_1,T_2,T_3$都是$E(X)$的无偏估计量.

证 由于$X_1,X_2,\cdots,X_n$是来自总体X的样本，所以与总体X同分布. 分布相同，数学期望也就相同，即$E(X_i)=E(X), i=1,2,\cdots,n$，进而

$$E(T_1)=\frac{1}{n}\sum_{i=1}^{n}E(X_i)=E(X) .$$

$$E(T_2)=E(X_1)=E(X) .$$

$$E(T_3)=\sum_{i=1}^{n}a_iE(X_i)=E(X)\left(\sum_{i=1}^{n}a_i\right)=E(X).$$

因此T_1,T_2,T_3都是$E(X)$的无偏估计量.

2. 有效性

定义 3　设$\hat{\theta}_1=\hat{\theta}_1(X_1,X_2,\cdots,X_n)$与$\hat{\theta}_2=\hat{\theta}_2(X_1,X_2,\cdots,X_n)$都是参数$\theta$的无偏估计量，如果

$$D(\hat{\theta}_1)<D(\hat{\theta}_2), \tag{7.5}$$

则称$\hat{\theta}_1$**较**$\hat{\theta}_2$**有效**；设$\hat{\theta}=\hat{\theta}(X_1,X_2,\cdots,X_n)$是参数$\theta$的无偏估计量，如果对于给定的样本容量$n$，$\hat{\theta}$的方差$D(\hat{\theta})$最小，则称$\hat{\theta}$是$\theta$的**有效估计量**.

例 8　设X_1,X_2,X_3是来自总体X的样本，作为总体均值$E(X)$的估计量：

$$T_1=\overline{X}=\frac{X_1+X_2+X_3}{3},$$

$$T_2=X_2,$$

$$T_3=\frac{X_2+X_3}{2}.$$

试问T_1,T_2,T_3哪个更有效？

解　由于$X_1,X_2,\cdots,X_n$是来自总体X的样本，所以与总体X同分布. 分布相同，方差也就相同，即$D(X_i)=D(X)\geqslant 0$，$i=1,2,\cdots,n$，进而

$$D(T_1)=\frac{1}{9}\sum_{i=1}^{3}D(X_i)=\frac{1}{3}D(X);$$

$$D(T_2)=D(X_2)=D(X);$$

$$D(T_3)=\frac{1}{4}\sum_{i=2}^{3}D(X_i)=\frac{1}{2}D(X).$$

因此T_1更有效.

3. 一致性

参数估计的无偏性与有效性都是在样本容量n固定的前提下提出的，我们还希望随着样本容量的增大，估计量也逐渐稳定于未知参数的真值. 因此我们又提出了一致性的概念.

定义 4　设$\hat{\theta}(X_1,X_2,\cdots,X_n)$为参数$\theta$的估计量，如果当$n\to\infty$时，$\hat{\theta}(X_1,X_2,\cdots,X_n)$依概率收敛于$\theta$，则称$\hat{\theta}$是$\theta$的**一致估计量**.

即若对于任意的正数ε，有

$$\lim_{n\to\infty}P\left\{\left|\hat{\theta}-\theta\right|<\varepsilon\right\}=1, \tag{7.6}$$

则称$\hat{\theta}$是θ的**一致估计量**.

可以证明以下两个重要结论：

设总体 X 的均值 $E(X)=\mu$，方差 $D(X)=\sigma^2$，则

（1）样本均值 $\overline{X}=\frac{1}{n}\sum_{i=1}^{n}X_i$ 是总体均值 μ 的无偏、一致估计量；

（2）样本方差 $S^2=\frac{1}{n-1}\sum_{i=1}^{n}(X_i-\overline{X})^2$ 是总体方差 σ^2 的无偏、一致估计量.

习题 7.1

1．设总体 X 服从“0-1”分布，分布律为

$$p(x;p)=p^x(1-p)^{1-x},\ x=0,1.$$

如果取得样本观测值为 $x_1,x_2,\cdots,x_n$（$x_i=0$ 或 1，$i=1,2,\ldots,n$），求参数 p 的矩估计值和极大似然估计值.

2．设总体 X 的概率密度为

$$f(x;\theta)=\begin{cases}\theta x^{\theta-1}, & 0<x<1;\\ 0, & x\leqslant 0\text{或}x\geqslant 1.\end{cases}$$

其中 $\theta>0$．如果取得样本观测值 $x_1,x_2,\cdots,x_n$，求参数 θ 的矩估计值和极大似然估计值.

3．设 X_1,X_2,X_3 是来自总体 X 的样本，证明

$$\mu_1=\frac{X_1}{6}+\frac{X_2}{3}+\frac{X_3}{2},\ \ \mu_2=\frac{X_1}{8}+\frac{X_2}{4}+\frac{5X_3}{8},\mu_3=\frac{X_1}{2}+\frac{X_2}{4}+\frac{X_3}{4}$$

都是总体均值 μ 的无偏估计量，进一步判断哪一个估计更有效.

§ 7.2 置信区间

前面讨论了参数的点估计，点估计值只是未知参数的一个近似值．无论这个估计值多么好，我们都无法确定它与真实值之间的误差。而在实际应用中，人们往往除了希望知道参数的估计值之外，还希望知道这个估计的精确度和可靠性.下面要讲的区间估计就可以满足这样的要求.

7.2.1 置信区间的概念

定义 设 θ 为总体分布的未知参数，$X_1,X_2,\cdots,X_n$ 是取自总体 X 的一个样本，

对给定的数 $1-\alpha$（$0<\alpha<1$），若存在统计量 $\underline{\theta}=\underline{\theta}(X_1,X_2,\cdots,X_n)$，$\overline{\theta}=\overline{\theta}(X_1,X_2,\cdots,X_n)$，使得

$$P\{\underline{\theta}<\theta<\overline{\theta}\}=1-\alpha, \tag{7.7}$$

则称随机区间 $(\underline{\theta},\overline{\theta})$ 为 θ 的**置信度**为 $1-\alpha$ 的置信区间，分别称 $\underline{\theta}$ 与 $\overline{\theta}$ 为 θ 的**双侧置信区间**的**置信下限**与**置信上限**.

注 （1）置信度也就是可信度，即可以相信的程度. 置信度 $1-\alpha$ 的含义：在随机抽样中，若重复抽样多次，得到样本 $X_1,X_2,\cdots,X_n$ 的多组样本值 $x_1,x_2,\cdots,x_n$，对应每组样本值都确定了一个置信区间 $(\underline{\theta},\overline{\theta})$，每个这样的区间要么包含了 θ 的真值，要么不包含 θ 的真值. 根据伯努利大数定理，当抽样次数 k 充分大时，这些区间中包含 θ 的真值的频率接近于概率（即置信度）$1-\alpha$，即在这些区间中包含 θ 的真值的区间大约有 $k(1-\alpha)$ 个，不包含 θ 的真值的区间大约有 $k\alpha$ 个. 例如，若令 $1-\alpha=0.95$，重复抽样 100 次，则其中大约有 95 个区间包含 θ 的真值，大约有 5 个区间不包含 θ 的真值.

（2）置信区间 $(\underline{\theta},\overline{\theta})$ 也是未知参数 θ 的一种估计，区间的长度意味着误差，故区间估计与点估计是互补的两种参数估计方式.

（3）置信度与估计精度是一对矛盾. 置信度 $1-\alpha$ 越高，置信区间 $(\underline{\theta},\overline{\theta})$ 包含 θ 的真值的概率就越大，区间 $(\underline{\theta},\overline{\theta})$ 的长度也就越大，对未知参数 θ 的估计精度就越差. 反之，参数 θ 的估计精度越高，置信区间 $(\underline{\theta},\overline{\theta})$ 的长度就越小，$(\underline{\theta},\overline{\theta})$ 包含 θ 的真值的概率就越低，置信度 $1-\alpha$ 就越小. 因此，区间估计的一般准则是：在保证置信度的条件下尽可能提高估计精度，即置信度一定的情况下，选取长度最小的区间.

7.2.2　寻求置信区间的方法

下面通过具体例子给出构造置信区间的方法与步骤.

例　设 $X_1,X_2,\cdots,X_n$ 为来自正态总体 $X\sim N(\mu,\sigma^2)$ 的样本，其中 σ^2 已知，μ 未知，试求出 μ 的置信度为 $1-\alpha$ 的置信区间.

解　根据题意，要求满足 $P\{\underline{\mu}<\mu<\overline{\mu}\}=1-\alpha$ 的区间 $(\underline{\mu},\overline{\mu})$.

由于 $\overline{X}\sim N\left(\mu,\dfrac{\sigma^2}{n}\right)$，故统计量 $u=\dfrac{\overline{X}-\mu}{\sigma/\sqrt{n}}\sim N(0,1)$. $P\{\underline{\mu}<\mu<\overline{\mu}\}=1-\alpha$ 可恒等变形为 $P\left\{u_1<\dfrac{\overline{X}-\mu}{\sigma/\sqrt{n}}<u_2\right\}=1-\alpha$，由图 7.1 知，满足条件的区间 (u_1,u_2) 有无数多个，应该选取长度最小的.

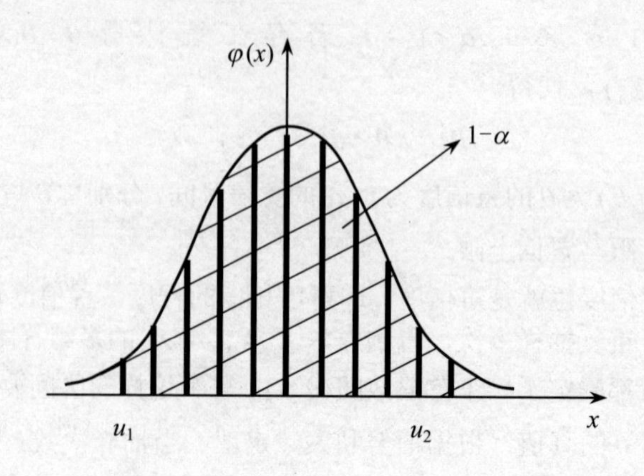

图 7.1

由标准正态分布的概率密度图像（图 7.2）的对称性及分位点的含义可知，区间$\left(-u_{\frac{\alpha}{2}},\ u_{\frac{\alpha}{2}}\right)$长度是最小的. 而

$$P\left\{-u_{\frac{\alpha}{2}}<\frac{\overline{X}-\mu}{\sigma/\sqrt{n}}<u_{\frac{\alpha}{2}}\right\}=P\left\{\overline{X}-\frac{\sigma}{\sqrt{n}}u_{\frac{\alpha}{2}}<u<\overline{X}+\frac{\sigma}{\sqrt{n}}u_{\frac{\alpha}{2}}\right\}=1-\alpha ,$$

因此，$\left(\overline{X}-\frac{\sigma}{\sqrt{n}}u_{\frac{\alpha}{2}},\overline{X}+\frac{\sigma}{\sqrt{n}}u_{\frac{\alpha}{2}}\right)$是均值$\mu$的置信度为$1-\alpha$的置信区间.

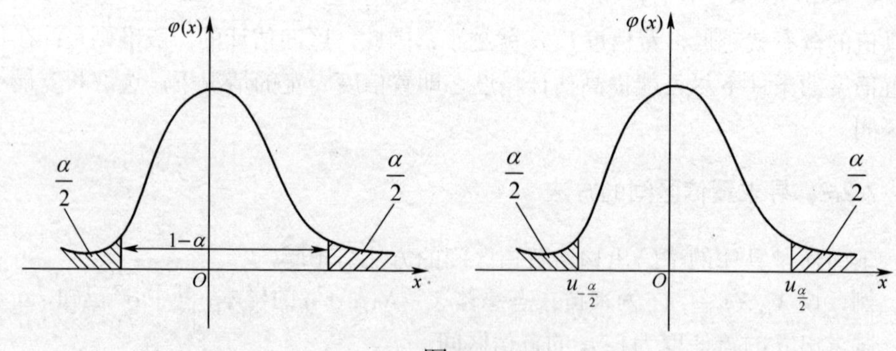

图 7.2

求置信区间的步骤归纳如下：

（1）明确问题，求什么参数的置信区间；

（2）构造一个包含未知参数θ的函数，即

$$U=U(X_1,X_2,\cdots X_n,\theta),$$

且该函数的分布是已知的（与θ无关）；

（3）对给定的置信度$1-\alpha$，确定λ_1与λ_2，使

$$P\{\lambda_1 \leqslant U \leqslant \lambda_2\}=1-\alpha,$$

通常可选取满足$P\{U \leqslant \lambda_1\}=P\{U \geqslant \lambda_2\}=\dfrac{\alpha}{2}$的$\lambda_1$与$\lambda_2$，在常用分布下，$\lambda_1$与$\lambda_2$的值可由分位数表查得；

（4）对不等式$\lambda_1 \leqslant U \leqslant \lambda_2$作恒等变形，化为

$$P\{\underline{\theta} \leqslant \theta \leqslant \overline{\theta}\}=1-\alpha,$$

则$(\underline{\theta},\overline{\theta})$就是$\theta$的置信度为$1-\alpha$的双侧置信区间.

§ 7.3　正态总体的置信区间

与其他总体相比，正态总体参数的置信区间是最完善的，应用也最广泛.

本节介绍正态总体的置信区间，讨论下列情形：

（1）单正态总体均值的置信区间；

（2）单正态总体方差的置信区间；

（3）双正态总体均值差的置信区间；

（4）双正态总体方差比的置信区间.

7.3.1　单正态总体均值的置信区间

1. σ^2已知

设总体$X \sim N(\mu,\sigma^2)$，其中σ^2已知，μ未知，$X_1,X_2,\cdots,X_n$是取自总体X的一个样本. 对给定的置信度$1-\alpha$，由上节例题可知μ的置信区间为

$$\left(\overline{X}-\frac{\sigma}{\sqrt{n}}u_{\frac{\alpha}{2}},\overline{X}+\frac{\sigma}{\sqrt{n}}u_{\frac{\alpha}{2}}\right). \tag{7.8}$$

例 1　进行 9 次独立测试，测得零件直径（mm）的样本均值$\bar{x}=5.21$，设零件直径服从正态分布$N(\mu,0.3^2)$，求零件直径的均值μ的置信度为 0.95 和 0.99 的置信区间.

解　对于给定的置信度

$$1-\alpha=0.95,\ \alpha=0.05,\ \frac{\alpha}{2}=0.025.$$

查标准正态分布表（附表 2），$u_{0.025}=1.96$，将数据$n=9$，$\bar{x}=5.21$，$\sigma=0.3$，$u_{0.025}=1.96$代入式（7.8），计算得μ的置信度为 0.95 的置信区间为(5.014,5.406).

同理，令$1-\alpha=0.99$，$\alpha=0.01$，$\frac{\alpha}{2}=0.005$，$u_{0.005}=2.576$，代入式（7.8）计算得μ的置信度为0.99的置信区间约为(4.952,5.468).

2. σ^2未知

设总体$X\sim N(\mu,\sigma^2)$，其中μ、σ^2未知，$X_1,X_2,\cdots,X_n$是取自总体X的一个样本．此时用σ^2的无偏估计量S^2代替σ^2，取样本函数

$$t=\frac{\overline{X}-\mu}{S/\sqrt{n}}\sim t(n-1),$$

跟σ^2已知情况类似，对给定的置信度$1-\alpha$，有

$$P\left\{-t_{\alpha/2}(n-1)<\frac{\overline{X}-\mu}{S/\sqrt{n}}<t_{\alpha/2}(n-1)\right\}=1-\alpha,$$

$$P\left\{\overline{X}-\frac{S}{\sqrt{n}}\cdot t_{\alpha/2}(n-1)<\mu<\overline{X}+\frac{S}{\sqrt{n}}\cdot t_{\alpha/2}(n-1)\right\}=1-\alpha,$$

因此，均值μ的置信度为$1-\alpha$的置信区间为

$$\left(\overline{X}-t_{\alpha/2}(n-1)\cdot\frac{S}{\sqrt{n}},\overline{X}+t_{\alpha/2}(n-1)\cdot\frac{S}{\sqrt{n}}\right). \tag{7.9}$$

例2 某旅行社随机访问了25名旅游者，得知平均消费额$\overline{x}=80$元，样本标准差为12元，已知旅游消费者消费额服从正态分布，求旅游者平均消费额μ的置信度为0.95的置信区间.

解 对于给定的置信度$0.95(\alpha=0.05)$，有

$$t_{\alpha/2}(n-1)=t_{0.025}(24)=2.064.$$

将$\overline{x}=80$，$s=12$，$n=25$，$t_{0.025}(24)=2.064$，代入式（7.9）得μ的置信度为0.95的置信区间约为(75.05,84.95)，即在σ^2未知的情况下，估计每个旅游者的平均消费额在75.05～84.95元之间，这个估计的可靠度是0.95.

例3 有一大批袋装糖果．现从中随机地取16袋，称得质量（以克计）分别为506、508、499、503、504、510、497、512、514、505、493、496、506、502、509和496．设袋装糖果的质量近似服从正态分布，试求总体均值μ的置信度为0.99的置信区间.

解 $1-\alpha=0.99$，$\alpha/2=0.005$，$n-1=15$，$t_{0.005}(15)=2.947$．由题设数据算得$\overline{x}=503.75$，$s\approx6.2022$，可得均值μ的置信度为0.99的置信区间为$\left(503.75\pm\frac{6.2022}{\sqrt{16}}\times2.947\right)$，即(499.2,508.3).

这就是说，有0.99的可信度认为袋装糖果质量的均值在499.2～508.3克之间，

若以此区间内任一均值作为 μ 的近似值，其误差不大于 $\frac{6.2022}{\sqrt{16}}\times 2.947\times 2\approx$ 9.14（克）.

7.3.2　单正态总体方差的置信区间

1．μ 已知

设总体 $X\sim N(\mu,\sigma^2)$，其中 μ 已知，σ^2 未知，$X_1,X_2,\cdots,X_n$ 是取自总体 X 的一个样本．求方差 σ^2 的置信度为 $1-\alpha$ 的置信区间.

要求区间 $(\underline{\sigma}^2,\bar{\sigma}^2)$ 满足 $P\{\underline{\sigma}^2<\sigma^2<\bar{\sigma}^2\}=1-\alpha$，已知 $\frac{1}{\sigma^2}\sum_{i=1}^{n}(X_i-\mu)^2\sim\chi^2(n)$，只需求满足 $P\left\{\sigma_1{}^2<\frac{1}{\sigma^2}\sum_{i=1}^{n}(X_i-\mu)^2<\sigma_2{}^2\right\}=1-\alpha$ 的区间 $\left(\sigma_1{}^2,\sigma_2{}^2\right)$ 即可.
按照图 7.3 的方式选取区间，即

$$P\left\{\chi^2_{1-\alpha/2}(n-1)<\frac{1}{\sigma^2}\sum_{i=1}^{n}(X_i-\mu)^2<\chi^2_{\alpha/2}(n-1)\right\}=1-\alpha$$

再等价变形为

$$P\left\{\frac{\sum_{i=1}^{n}(X_i-\mu)^2}{\chi^2_{\alpha/2}(n-1)}<\sigma^2<\frac{\sum_{i=1}^{n}(X_i-\mu)^2}{\chi^2_{1-\alpha/2}(n-1)}\right\}=1-\alpha.$$

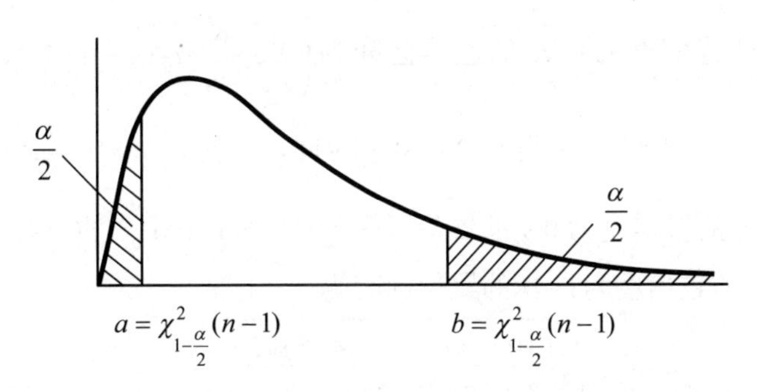

图 7.3

于是，方差 σ^2 的置信度为 $1-\alpha$ 的置信区间为

$$\left(\frac{\sum_{i=1}^{n}(X_i-\mu)^2}{\chi^2_{\alpha/2}(n-1)},\frac{\sum_{i=1}^{n}(X_i-\mu)^2}{\chi^2_{1-\alpha/2}(n-1)}\right),\tag{7.10}$$

而标准差 σ 的置信度为 $1-\alpha$ 的置信区间为

$$\left(\sqrt{\frac{\sum_{i=1}^{n}(X_i-\mu)^2}{\chi^2_{\alpha/2}(n-1)}},\sqrt{\frac{\sum_{i=1}^{n}(X_i-\mu)^2}{\chi^2_{1-\alpha/2}(n-1)}}\right). \tag{7.11}$$

2. μ 未知

设总体 $X\sim N(\mu,\sigma^2)$，其中 μ 、σ^2 未知，$X_1,X_2,\cdots,X_n$ 是取自总体 X 的一个样本．求方差 σ^2 的置信度为 $1-\alpha$ 的置信区间．

由于 $\frac{1}{\sigma^2}\sum_{i=1}^{n}(X_i-\overline{X})^2\sim\chi^2(n-1)$，与 μ 已知的情况类似，

可得，方差 σ^2 的置信度为 $1-\alpha$ 的置信区间为

$$\left(\frac{\sum_{i=1}^{n}(X_i-\overline{X})^2}{\chi^2_{\alpha/2}(n-1)},\frac{\sum_{i=1}^{n}(X_i-\overline{X})^2}{\chi^2_{1-\alpha/2}(n-1)}\right)\text{或}\left(\frac{(n-1)S^2}{\chi^2_{\alpha/2}(n-1)},\frac{(n-1)S^2}{\chi^2_{1-\alpha/2}(n-1)}\right), \tag{7.12}$$

而标准差 σ 的置信度为 $1-\alpha$ 的置信区间为

$$\left(\sqrt{\frac{\sum_{i=1}^{n}(X_i-\overline{X})^2}{\chi^2_{\alpha/2}(n-1)}},\sqrt{\frac{\sum_{i=1}^{n}(X_i-\overline{X})^2}{\chi^2_{1-\alpha/2}(n-1)}}\right)\text{或}\left(\sqrt{\frac{(n-1)S^2}{\chi^2_{\alpha/2}(n-1)}},\sqrt{\frac{(n-1)S^2}{\chi^2_{1-\alpha/2}(n-1)}}\right). \tag{7.13}$$

例 4 为考察某大学成年男性的胆固醇水平，现抽取了样本容量为 25 的一样本，并测得样本均值 $\overline{x}=186$，样本标准差 $s=12$. 假定所讨论的胆固醇水平 $X\sim N(\mu,\sigma^2)$，μ 与 σ^2 均未知．试分别求出 μ 以及 σ 的置信度为 0.9 的置信区间．

解 μ 的置信度为 $1-\alpha$ 的置信区间为 $\left(\overline{X}\pm\frac{S}{\sqrt{n}}\cdot t_{\frac{\alpha}{2}}(n-1)\right)$，$\overline{x}=186$，$s=12$，$n=25$，$\alpha=0.1$，查附表 4 得 $t_{\frac{\alpha}{2}}(25-1)=1.711$，于是 $t_{\frac{\alpha}{2}}(n-1)\cdot\frac{s}{\sqrt{n}}=1.711\times\frac{12}{\sqrt{25}}\approx 4.106$，从而 μ 的置信度为 0.9 的置信区间为 (186 ± 4.106)，即 $(181.894,190.106)$.

标准差 σ 的置信度为 $1-\alpha$ 的置信区间为

$$\left(\sqrt{\frac{(n-1)S^2}{\chi^2_{\alpha/2}(n-1)}},\sqrt{\frac{(n-1)S^2}{\chi^2_{1-\alpha/2}(n-1)}}\right).$$

查附表 3 得

$$\chi^2_{0.1/2}(25-1)=36.415,\ \chi^2_{1-0.1/2}(25-1)=13.848,$$

于是，置信下限为 $\sqrt{\frac{24\times12^2}{36.415}}\approx 9.74$，置信上限为 $\sqrt{\frac{24\times12^2}{13.848}}\approx 15.80$，所求 σ 的置信度为 0.9 的置信区间为 $(9.74,15.80)$.

7.3.3 双正态总体均值差的置信区间

1. σ_1^2、σ_2^2 已知

在实际问题中，往往需要知道两个正态总体均值之间或方差之间是否有差异，从而要研究两个正态总体的均值差或者方差比的置信区间.

设 $\overline{X}$ 是总体 $N(\mu_1,\sigma_1^2)$ 的容量为 n_1 的样本均值，$\overline{Y}$ 是总体 $N(\mu_2,\sigma_2^2)$ 的容量为 n_2 的样本均值，且两总体相互独立，其中 σ_1^2、σ_2^2 已知.

因 $\overline{X}$ 与 $\overline{Y}$ 分别是 μ_1 与 μ_2 的无偏估计量，由第 6 章的定理知

$$\frac{(\overline{X}-\overline{Y})-(\mu_1-\mu_2)}{\sqrt{\sigma_1^2/n_1+\sigma_2^2/n_2}} \sim N(0,1).$$

对给定的置信度 $1-\alpha$，由

$$P\left\{\left|\frac{(\overline{X}-\overline{Y})-(\mu_1-\mu_2)}{\sqrt{\sigma_1^2/n_1+\sigma_2^2/n_2}}\right|<u_{\alpha/2}\right\}=1-\alpha$$

可导出 $\mu_1-\mu_2$ 的置信度为 $1-\alpha$ 的置信区间为

$$\left(\overline{X}-\overline{Y}-u_{\alpha/2}\cdot\sqrt{\frac{\sigma_1^2}{n_1}+\frac{\sigma_2^2}{n_2}},\overline{X}-\overline{Y}+u_{\alpha/2}\cdot\sqrt{\frac{\sigma_1^2}{n_1}+\frac{\sigma_2^2}{n_2}}\right). \tag{7.14}$$

例 5 2003 年在某地区分行业调查职工平均工资情况：已知体育、卫生、社会福利事业职工工资 $X \sim N(\mu_1,218^2)$（单位：元）；文教、艺术、广播事业职工工资 $Y \sim N(\mu_2,227^2)$（单位：元），从总体 X 中调查了 25 人，平均工资 1286 元，从总体 Y 中调查了 30 人，平均工资 1272 元，求这两大类行业职工平均工资之差的置信度为 0.99 的置信区间.

解 由于 $1-\alpha=0.99$，故 $\alpha=0.01$，查附表 2 得 $u_{0.005}=2.576$，又 $n_1=25$，$n_2=30$，$\sigma_1^2=218^2$，$\sigma_2^2=227^2$，$\bar{x}=1286$，$\bar{y}=1272$，于是，$\mu_1-\mu_2$ 的置信度为 0.99 的置信区间约为 $(-140.96,168.96)$，即两大类行业职工平均工资之差在 -140.96～168.96 元之间，而这个估计的置信度为 0.99.

注 两正态总体均值差的置信区间意义在于：如果 $\mu_1-\mu_2$ 的置信区间的下限大于零，则认为 $\mu_1>\mu_2$；如果 $\mu_1-\mu_2$ 的置信区间的上限小于零，则认为 $\mu_1<\mu_2$.

2. $\sigma_1^2=\sigma_2^2=\sigma^2$ 未知

设 $\overline{X}$ 是总体 $N(\mu_1,\sigma^2)$ 的容量为 n_1 的样本均值，$\overline{Y}$ 是总体 $N(\mu_2,\sigma^2)$ 的容量为 n_2 的样本均值，且两总体相互独立，其中 μ_1、μ_2 及 σ 未知. 由第 6 章的定理知

$$T=\frac{(\overline{X}-\overline{Y})-(\mu_1-\mu_2)}{S_w\sqrt{1/n_1+1/n_2}} \sim t(n_1+n_2-2),$$

其中$S_w^2=\dfrac{n_1-1}{n_1+n_2-2}S_1^2+\dfrac{n_2-1}{n_1+n_2-2}S_2^2$.

对给定的置信度$1-\alpha$，根据t分布的对称性，由

$$P\{|T|<t_{\alpha/2}(n_1+n_2-2)\}=1-\alpha$$

可导出$\mu_1-\mu_2$的置信度为$1-\alpha$的置信区间为

$$\left(\overline{X}-\overline{Y}-t_{\alpha/2}(n_1+n_2-2)\cdot S_w\sqrt{\frac{1}{n_1}+\frac{1}{n_2}},\overline{X}-\overline{Y}+t_{\alpha/2}(n_1+n_2-2)\cdot S_w\sqrt{\frac{1}{n_1}+\frac{1}{n_2}}\right).\quad(7.15)$$

例 6 A、B 两个地区种植同一型号的小麦．现抽取 19 块面积相同的麦田，其中 9 块属于地区 A，另外 10 块属于地区 B，测得它们的小麦产量（以千克计）分别如下：

地区 A：100 105 110 125 110 98 105 116 112

地区 B：101 100 105 115 111 107 106 121 102 92

设地区 A 的小麦产量$X\sim N(\mu_1,\sigma^2)$，地区 B 的小麦产量$Y\sim N(\mu_2,\sigma^2)$，μ_1、μ_2及σ^2均未知．试求这两个地区小麦的平均产量之差$\mu_1-\mu_2$的置信度为 0.9 的置信区间．

解 由题意知，所求置信区间的两个端点分别为

$$(\overline{X}-\overline{Y})\pm t_{\alpha/2}(n_1+n_2-2)\cdot S_w\sqrt{\frac{1}{n_1}+\frac{1}{n_2}}.$$

由$\alpha=0.1$，$n_1=9$，$n_2=10$查附表 4 得$t_{0.1/2}(17)=1.74$，按已知数据$\overline{x}=109$，$\overline{y}=106$，$s_1^2=\dfrac{550}{8}$，$s_2^2=\dfrac{606}{9}$，$s_w^2=\dfrac{(n_1-1)s_1^2+(n_2-1)s_2^2}{n_1+n_2-2}=68$，$s_w\approx 8.246$．

计算得，置信下限为

$$(109-106)-1.74\times 8.246\times\sqrt{\frac{1}{9}+\frac{1}{10}}\approx -3.59,$$

置信上限为

$$(109-106)+1.74\times 8.246\times\sqrt{\frac{1}{9}+\frac{1}{10}}\approx 9.59,$$

故均值差$\mu_1-\mu_2$的置信度为 0.9 的置信区间为$(-3.59,9.59)$.

7.3.4 双正态总体方差比的置信区间

此处，根据实际问题的需要，只介绍μ未知的情况．

设S_1^2是总体$N(\mu_1,\sigma_1^2)$的容量为n_1的样本方差，S_2^2是总体$N(\mu_2,\sigma_2^2)$的容量为n_2的样本方差，且两总体相互独立，其中μ_1、σ_1^2、μ_2、σ_2^2未知．S_1^2与S_2^2分别

是σ_1^2与σ_2^2的无偏估计量，由第 6 章的定理知

$$F=\left(\frac{\sigma_2}{\sigma_1}\right)^2\frac{S_1^2}{S_2^2}\sim F\left(n_1-1,n_2-1\right).$$

对给定的置信度$1-\alpha$，由

$$P\{F_{1-\alpha/2}(n_1-1,n_2-1)<F<F_{\alpha/2}(n_1-1,n_2-1)\}=1-\alpha,$$

$$P\left\{\frac{1}{F_{\alpha/2}(n_1-1,n_2-1)}\cdot\frac{S_1^2}{S_2^2}<\frac{\sigma_1^2}{\sigma_2^2}<\frac{1}{F_{1-\alpha/2}(n_1-1,n_2-1)}\cdot\frac{S_1^2}{S_2^2}\right\}=1-\alpha$$

得出方差比$\dfrac{\sigma_1^2}{\sigma_2^2}$的置信度为$1-\alpha$的置信区间为

$$\left(\frac{1}{F_{\alpha/2}(n_1-1,n_2-1)}\cdot\frac{S_1^2}{S_2^2},\frac{1}{F_{1-\alpha/2}(n_1-1,n_2-1)}\cdot\frac{S_1^2}{S_2^2}\right).\tag{7.16}$$

例 7　某钢铁公司的管理人员为比较新旧两个电炉的温度状况，抽取了新电炉的 31 个温度数据及旧电炉的 25 个温度数据，并计算得样本方差分别为$s_1^2=75$及$s_2^2=100$．设新电炉的温度$X\sim N(\mu_1,\sigma_1^2)$，旧电炉的温度$Y\sim N(\mu_2,\sigma_2^2)$．试求$\dfrac{\sigma_1^2}{\sigma_2^2}$的置信度为 0.95 的置信区间.

解　$\dfrac{\sigma_1^2}{\sigma_2^2}$的置信度为$1-\alpha$的置信下限和置信上限分别为$\left[F_{\alpha/2}(n_1-1,n_2-1)^{-1}\right]\dfrac{s_1^2}{s_2^2}$和$\left[F_{\alpha/2}(n_2-1,n_1-1)^{-1}\right]\dfrac{s_1^2}{s_2^2}$，其中$\alpha=0.05$，$n_1=31$，$n_2=25$．

查附表 5 得

$$F_{0.05/2}(30,24)=2.21,\ F_{0.05/2}(24,30)=2.14.$$

于是，置信下限为

$$\frac{1}{2.21}\times\frac{75}{100}\approx 0.34,$$

置信上限为

$$2.14\times\frac{75}{100}\approx 1.61,$$

所求置信区间为(0.34,1.61).

习题 7.3

1．设某种清漆的 9 个样品，其干燥时间（单位：小时）分别为

6.0　5.7　5.8　6.5　7.0　6.3　5.6　6.1　5.0

设干燥时间总体服从正态分布 $X \sim N(\mu,\sigma^2)$，求 μ 的置信度为 0.95 的置信区间：

（1）若由以往经验知 $\sigma = 0.6$；（2）若 σ 未知.

2．为估计某种汉堡的脂肪含量，随机抽取了 10 个这种汉堡，测得脂肪含量（%）如下：

25.2　21.3　22.8　17.0　29.8　21.0　25.5　16.0　20.9　19.5

假设这种汉堡的脂肪含量服从正态分布，求平均脂肪含量 μ 的置信度为 0.95 的置信区间.

3．某厂生产一批金属材料，其抗弯强度服从正态分布，今从这批金属材料中抽取 11 个测试件，测得它们的抗弯强度（单位：N）为

42.5　42.7　43.0　42.3　43.4　44.5　44.0　43.8　44.1　43.9　43.7

求：（1）平均抗弯强度 μ 的置信度为 0.95 的置信区间；（2）抗弯强度标准差 σ 的置信度为 0.90 的置信区间.

§7.4　单侧置信区间

前面讨论的置信区间 $(\underline{\theta},\overline{\theta})$ 均为双侧置信区间，但在有些实际问题中只需考虑形如 $(\underline{\theta},+\infty)$ 或 $(-\infty,\overline{\theta})$ 的置信区间．例如，对产品设备、电子元件等来说，我们关心的是平均寿命的置信下限，而在讨论产品的废品率时，我们感兴趣的是置信上限．下面引入单侧置信区间的概念.

定义　设 θ 为总体分布的未知参数，$X_1,X_2,\cdots,X_n$ 是取自总体 X 的一个样本，对给定的数 $1-\alpha$（$0<\alpha<1$），若存在统计量 $\overline{\theta}=\overline{\theta}(X_1,X_2,\cdots,X_n)$，满足

$$P\{\theta<\overline{\theta}\}=1-\alpha, \tag{7.17}$$

则称 $(-\infty,\overline{\theta})$ 为 θ 的置信度为 $1-\alpha$ 的**单侧置信区间**，$\overline{\theta}$ 为 θ 的**单侧置信上限**.

若存在统计量 $\underline{\theta}=\underline{\theta}(X_1,X_2,\cdots,X_n)$，满足

$$P\{\theta>\underline{\theta}\}=1-\alpha \tag{7.18}$$

则 $(\underline{\theta},+\infty)$ 也是 θ 的置信度为 $1-\alpha$ 的**单侧置信区间**，$\underline{\theta}$ 为 θ 的**单侧置信下限**.

例　从一批灯泡中随机地抽取 5 只做寿命试验，测得其寿命（单位：小时）为

1050　1100　1120　1250　1280

已知这批灯泡寿命 $X \sim N(\mu,\sigma^2)$，求平均寿命 μ 的置信度为 0.95 的单侧置信下限.

解　因为

$$T=\frac{\overline{X}-\mu}{S/\sqrt{n}} \sim t(n-1),$$

对于给定置信度$1-\alpha$，有

$$P\left\{\frac{\overline{X}-\mu}{S/\sqrt{n}}<t_{\alpha}(n-1)\right\}=1-\alpha,$$

即

$$P\left\{\mu>\overline{X}-\frac{S}{\sqrt{n}}t_{\alpha}(n-1)\right\}=1-\alpha,$$

可得μ的置信度为$1-\alpha$的单侧置信下限为$\overline{X}-\frac{S}{\sqrt{n}}t_{\alpha}(n-1)$，由题设数据计算得

$$\overline{x}=1160,\ s\approx 99.75,\ n=5,\ \alpha=0.05,$$

查附表 4 得$t_{0.05}(4)=2.132$，从而平均寿命μ的置信度为 0.95 的置信下限为

$$\overline{x}-t_{\alpha}(n-1)\frac{s}{\sqrt{n}}\approx 1064.9,$$

也就是说，该批灯泡的平均寿命在 1064.9 小时以上的可靠程度为 95%.

总习题七

7.1 设总体X具有分布律：

X	0	1	2	3
p_k	θ^2	$2\theta(1-\theta)$	θ^2	$1-2\theta$

其中θ（$0<\theta<1$）为未知参数。已知取得样本的观测值$x_1=2,\ x_2=1,\ x_3=0,\ x_4=1,$ $x_5=2, x_6=0$，试求θ的矩估计值和极大似然估计值。

7.2 设总体X服从泊松分布$P(\lambda)$，其中$\lambda>0$为未知参数. 如果取得样本观测值为$x_1,x_2,\cdots,x_n$，求参数λ的矩估计值与极大似然估计值.

7.3 设随机变量X的概率密度为

$$f(x;\theta)=\frac{1}{2\theta}\mathrm{e}^{-\frac{|x|}{\theta}},\ -\infty<x<+\infty,$$

其中$\theta>0$. 如果取得样本观测值$x_1,x_2,\cdots,x_n$，求参数θ的极大似然估计值.

7.4 设总体X的概率密度为

$$f(x;\theta)=\begin{cases}2\mathrm{e}^{-2(x-\theta)}, & x\geqslant\theta;\\ 0, & x<\theta.\end{cases}$$

求参数θ的极大似然估计值.

7.5 从生产实践知道，某厂生产的电子元件的使用寿命$X\sim N(\mu,100^2)$（单

位：小时），现在某一批电子元件中抽取 5 只，测得使用寿命如下：

1455　1502　1370　1610　1430

试求这批电子元件的平均使用寿命 μ 的置信度为0.95的置信区间.

7.6　为了解灯泡使用时间（单位：小时）的均值 μ 及标准差 σ，测量了 10 个灯泡，得 $\bar{x}=1650$，$s=20$．如果已知灯泡使用时间服从正态分布，求 μ 的置信度为0.95的置信区间.

7.7　冷抽铜丝的折断力服从正态分布，从一批铜丝中任取 10 根，试验折断力，所得数据（单位：千克）分别为：

578　572　570　568　572　570　570　569　584　572

求方差 σ^2 的置信度为0.90的置信区间.

7.8 从汽车轮胎厂生产的某种轮胎中抽取 10 个样品进行磨损试验，直到轮胎行驶到磨坏为止，测得它们的行驶路程（单位：km）如下：

41250　41010　42650　38970　40200

42550　43500　40400　41870　39800

设汽车轮胎行驶路程服从正态分布 $N(\mu,\sigma^2)$，求 μ 的置信度为 0.95 的单侧置信下限.

7.9　考察由设备甲和设备乙生产的钢管的内径（单位：cm），随机抽取设备甲生产的钢管 18 只，测得样本均值 $\bar{x}=91.73$，样本方差 $s_1^2=0.34$；随机抽取设备乙生产的钢管 13 只，测得样本均值 $\bar{y}=93.75$，样本方差 $s_2^2=0.29$．设两样本相互独立，且这两台设备生产的钢管内径分别服从正态分布 $N(\mu_1,\sigma^2)$，$N(\mu_2,\sigma^2)$．求 $\mu_1-\mu_2$ 的置信度为0.90的置信区间.

第 8 章　假设检验

本章学习目标

上一章我们讨论了统计推断中的参数估计问题，这章将讨论另一类统计推断问题——假设检验. 假设检验的基本任务是，在总体的分布未知或分布中的参数未知的情况下，先对总体作某种假设，然后根据样本所提供的信息，用统计分析的方法进行检验，从而对假设是真是假作出判断. 假设检验在理论研究和实际应用中都占有重要地位，本章主要介绍假设检验的基本概念和正态总体的假设检验方法. 先给出假设检验的基本概念和思想方法，然后通过实例实践假设检验的解题步骤和思路，最后总结单个正态总体和两个正态总体中均值和方差的假设检验方法，并加以实践。

通过本章的学习，要重点掌握以下内容:

- 假设检验的基本概念
- 假设检验的思想方法
- 双侧假设检验和单侧假设检验的含义
- 假设检验的一般步骤
- 假设检验的两类错误
- 单个正态总体的均值和方差的假设检验方法

§ 8.1　假设检验的基本概念

8.1.1　假设检验问题

下面通过一个例子来引出假设检验的一些基本概念.

例 1　从某地区 2012 年的新生儿中随机抽取 20 个，测得其平均体重为 3160 克，根据过去的统计资料，新生儿的平均体重服从正态分布 $N(3140, 300^2)$，假设方差无变化，问 2012 年的新生儿体重与过去有无显著差异？

由题意知，我们想根据样本信息判断总体均值 μ 是否等于 3140，所以要检验的假设可以表示为H_0：$\mu=\mu_0=3140$；H_1：$\mu\neq\mu_0$.

通常称H_0为**原假设**，而把与H_0对立的假设H_1称为**备择假设或对立假设**．检验的目的就是在原假设H_0和备择假设H_1中选择一个，如果认为原假设H_0正确，就接受H_0（即拒绝H_1）；而如果认为原假设H_0不正确，则拒绝H_0（即接受H_1）.

8.1.2 假设检验的思想方法

在例 1 中，过去新生儿平均体重为 3140 克，而 2012 年新生儿的平均体重为 3160 克，它们之间有 20 克的差异，产生这种差异的情况有两种：一是 2012 年的情况与过去本无差异，但由于抽样的随机性造成了二者的差异；二是抽样的随机性无法造成 20 克那么大的差异，即 2012 年的情况与过去确实有差异．上述两种解释，哪种比较合理呢？

这里就要用到统计学中的小概率原理和概率反证法.

1. 小概率原理

概率很小的事件在一次试验中基本上不会发生．如果小概率事件在一次试验中竟然发生了，则事属反常，定有导致反常的特别原因，这时，我们有理由怀疑试验的原定条件不成立.

2. 概率反证法

为了检验原假设H_0是否成立，先假定H_0为真，在此问题上构造一个能说明问题的小概率事件，利用样本信息判断小概率事件是否发生．若发生，与小概率原理违背，则说明试验的前提条件H_0不成立，拒绝H_0，接受H_1；若小概率事件未发生，则没有理由拒绝H_0，只能接受它.

上面提到了“小概率事件”，那么概率小到什么程度才算“小概率事件”？显然，“小概率事件”的概率越小，否定原假设H_0越有说服力．一般我们用数α（$0<\alpha<1$）来界定小概率，即若$P(A)\leqslant\alpha$，则A为小概率事件，所以也称α为**检验水平或显著性水平**．α取值比较小，常取 0.1、0.05、0.01 等.

下面进一步通过例 1 的计算过程说明上述思想方法，其中取显著性水平$\alpha=0.01$.

解 由之前的分析可知，我们要检验的假设为

$$H_0:\ \mu=\mu_0=3140;\ H_1:\ \mu\neq\mu_0. \tag{8.1}$$

若假设H_0成立，则μ与$\mu_0=3140$应该非常接近．作为μ的无偏估计量，样本均值$\overline{X}$与$\mu_0=3140$也应该相差不大，因此事件A: $\left|\overline{X}-\mu_0\right|>d$（$d>0$较大，待定）不大可能发生，即$P(A)$很小，则$A$就是我们要构造的小概率事件．令$P(A)=\alpha$，

则可确定 d 的取值.

由于 σ 已知，故选取统计量

$$u=\frac{\overline{X}-\mu_0}{\sigma/\sqrt{n}}\sim N(0,1),$$

显然，该统计量能衡量 $\left|\overline{X}-\mu_0\right|$ 的大小且分布已知．由 $P\left\{\left|\overline{X}-\mu_0\right|>d\right\}=\alpha$，知

$$P\left\{\left|\frac{\overline{X}-\mu_0}{\sigma/\sqrt{n}}\right|>\frac{d}{\sigma/\sqrt{n}}\right\}=\alpha,$$

根据标准正态分布的对称性及分位点的定义（图 8.1），可得

$$\frac{d}{\sigma/\sqrt{n}}=u_{\frac{\alpha}{2}},$$

从而小概率事件还可以表示为 A: $|u|>u_{\frac{\alpha}{2}}$.

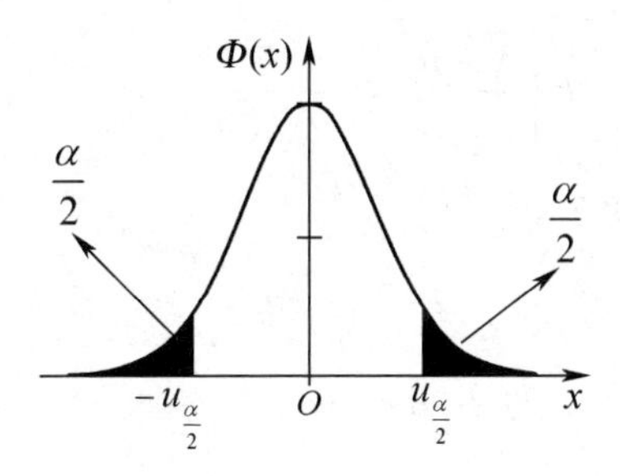

图 8.1

由 $\alpha=0.01$，知 $u_{\frac{\alpha}{2}}=u_{0.005}=2.576$，所以

$$|u|=\left|\frac{\overline{x}-\mu_0}{\sigma/\sqrt{n}}\right|=\left|\frac{3160-3140}{300/\sqrt{20}}\right|=0.149<2.576,$$

说明小概率事件未发生，因此接受假设 H_0，认为 2012 年的新生儿体重与过去无显著差异.

8.1.3　双侧假设检验和单侧假设检验

在例 1 中，当 $|u|>u_{\frac{\alpha}{2}}$，即 $u\in(-\infty,-u_{\frac{\alpha}{2}})\cup(u_{\frac{\alpha}{2}},+\infty)$ 时，拒绝假设 H_0，通常把这样的区间称为原假设 H_0 的**拒绝域**. 因为上述拒绝域分别位于两侧，因此把这类假设检验称为**双侧假设检验**.

除了双侧假设检验外，实际中还会用到单侧假设检验．如在例 1 中，随着生活水平的提高，新生儿的体重呈逐年上升趋势，我们可以把问题改为“是否可以

认为 2012 年的新生儿体重的均值不小于 3140 克？”

例 2 是否可认为 2012 年的新生儿体重的均值不小于 3140 克？

解 这时，我们要检验的假设变为

$$H_0:\ \mu \geqslant \mu_0 = 3140;\ H_1:\ \mu < \mu_0 . \tag{8.2}$$

（1）设 $\mu = \mu_0$，作为 μ 的无偏估计量，样本均值 $\overline{X}$ 也应该不小于 $\mu_0 = 3140$，因此事件 A: $\overline{X} - \mu_0 < -d$（$d > 0$ 较大，待定）不大可能发生，即 $P(A)$ 很小，则 A 就是我们要构造的小概率事件．令 $P(A) = \alpha$，则可确定 d 的取值．

由于 σ 已知，故选取统计量

$$u = \frac{\overline{X} - \mu_0}{\sigma / \sqrt{n}} \sim N(0,1),$$

显然，该统计量能衡量 $\overline{X} - \mu_0$ 的大小且分布已知．

由 $P\left\{\overline{X} - \mu_0 < -d\right\} = \alpha$，知

$$P\left\{\frac{\overline{X} - \mu_0}{\sigma / \sqrt{n}} < -\frac{d}{\sigma / \sqrt{n}}\right\} = \alpha,$$

根据分位点的定义（图 8.2），可得

$$\frac{d}{\sigma / \sqrt{n}} = u_\alpha,$$

从而小概率事件还可以表示为 A: $u < -u_\alpha$．

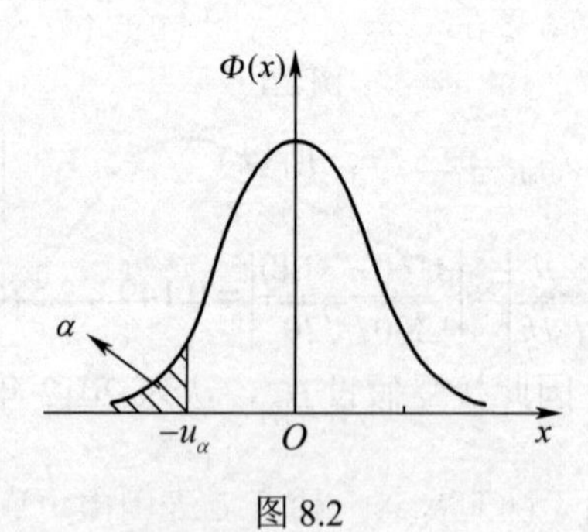

图 8.2

（2）若 $\mu > \mu_0$，因为 μ 是总体均值，所以

$$P\left\{\frac{\overline{X} - \mu}{\sigma / \sqrt{n}} < -u_\alpha\right\} = \alpha,$$

而 $\mu > \mu_0$ 时，有

$$\frac{\overline{X} - \mu}{\sigma / \sqrt{n}} < \frac{\overline{X} - \mu_0}{\sigma / \sqrt{n}},$$

所以

$$P\{u<-u_\alpha\}=P\left\{\frac{\overline{X}-\mu_0}{\sigma/\sqrt{n}}<-u_\alpha\right\}\leqslant P\left\{\frac{\overline{X}-\mu}{\sigma/\sqrt{n}}<-u_\alpha\right\}=\alpha,$$

从而小概率事件仍是 $A:u<-u_\alpha$．

综上，在 $H_0:\mu\geqslant\mu_0=3140$ 为真时，小概率事件是 $u<-u_\alpha$．

由 $\alpha=0.01$，知 $u_\alpha=u_{0.01}=2.326$，所以

$$u=\frac{\overline{x}-\mu_0}{\sigma/\sqrt{n}}=\frac{3160-3140}{300/\sqrt{20}}=0.149>-2.326,$$

说明小概率事件未发生，因此接受假设 H_0，认为 2012 年的新生儿体重均值不小于 3140 克．

例 2 中，当 $u<-u_\alpha$，即 $u\in(-\infty,-u_\alpha)$ 时，拒绝假设 H_0．因为拒绝域位于一侧，所以把这类假设检验称为**单侧假设检验**．按照拒绝域位于左侧或右侧，单侧假设检验又可分为左侧单侧假设检验和右侧单侧假设检验．显然，上例的检验是左侧单侧假设检验．

8.1.4　假设检验的一般步骤

从上述的讨论可知，假设检验的一般步骤如下：

（1）根据实际问题提出原假设 H_0 和备择假设 H_1；

（2）选择合适的统计量，并在假定原假设 H_0 正确的前提下确定其分布；

（3）对于给定的显著性水平，确定拒绝域（小概率事件）；

（4）看样本信息是否在拒绝域中，或利用样本信息检验小概率事件是否发生，从而决定接受或拒绝原假设，得出结论．

8.1.5　假设检验的两类错误

假设检验会不会犯错误呢？假设检验采用的方法是以小概率事件的实际不可能原理为基础的概率反证法．然而，我们知道，概率再小的事件也是有可能发生的，因此，这样的检验结果可能出现两类错误：

（1）H_0 正确，却错误地拒绝了它，这就犯了“弃真”的错误，有

$$P\{拒绝H_0\mid H_0为真\}=\alpha;$$

（2）H_0 错误，却错误地接受了它，这就犯了“纳伪”的错误，有

$$P\{接收H_0\mid H_0不真\}=\beta.$$

显然，显著性水平 α 为犯第一类错误的概率．

两类错误是互相关联的．当样本容量固定时，一类错误概率的减少必然导致另一类错误概率的增加．一般只有在样本容量增大时，才有可能使两者同时变小．

习题 8.1

1．在假设检验中，设 H_0 为原假设，则犯第二类错误的情况为（　　）．

A．H_0 为真，接受 H_0　　　B．H_0 为假，接受 H_0

C．H_0 为真，拒绝 H_0　　　D．H_0 为假，拒绝 H_0

2．对正态总体的数学期望 μ 进行假设检验，如果在显著性水平 $\alpha = 0.05$ 下，接受 $H_0 : \mu = \mu_0$，那么在 $\alpha = 0.01$ 下，下列结论正确的是（　　）．

A．必接受 H_0　　　B．可能接受，也可能拒绝 H_0

C．必拒绝 H_0　　　D．不接受，也不拒绝 H_0

3．设总体 X 服从某一分布，其均值 μ 未知，而 $\sigma^2 = 25$，从 X 抽取一个容量为 50 的样本，算得 $\bar{x} = 2$，则在 $\alpha = 0.05$ 水平下，________假设 $H_0 : \mu = 0$（填“接受”或“拒绝”）．

4．在对总体参数的假设检验中，若给定显著性水平为 α，则犯第一类错误的概率是________．

§ 8.2　正态总体参数的假设检验

设总体 $X \sim N(\mu, \sigma^2)$，抽取样本容量为 n 的样本 $X_1, X_2, \cdots, X_n$，样本均值与样本方差分别是

$$\overline{X} = \frac{1}{n}\sum_{i=1}^{n} X_i\,,\quad S^2 = \frac{1}{n-1}\sum_{i=1}^{n}(X_i - \overline{X})^2\,.$$

本节将讨论单个正态总体参数 μ 和 σ^2 的假设检验问题．为此，将各种不同的原假设 H_0、备择假设 H_1，以及在显著性水平 α 下关于原假设 H_0 的拒绝域分别列成相应的表格．

8.2.1　关于正态总体均值 μ 的假设检验

若已知 $\sigma = \sigma_0$，则选取统计量

$$u = \frac{\overline{X} - \mu_0}{\sigma_0/\sqrt{n}}\,, \tag{8.3}$$

且 $u \sim N(0,1)$．

若 σ 未知，则选取统计量

$$t=\frac{\overline{X}-\mu_0}{S/\sqrt{n}}, \tag{8.4}$$

且 $t\sim t(n-1)$.

正态总体均值的假设检验及相应的拒绝域如下：

原假设 H_0	备择假设 H_1	在显著性水平 α 下关于原假设 H_0 的拒绝域	
		已知 $\sigma=\sigma_0$	σ 未知
$\mu=\mu_0$	$\mu\neq\mu_0$	$\lvert u\rvert>u_{\frac{\alpha}{2}}$	$\lvert t\rvert>t_{\frac{\alpha}{2}}(n-1)$
$\mu=\mu_0$ 或 $\mu\leqslant\mu_0$	$\mu>\mu_0$	$u>u_\alpha$	$t>t_\alpha(n-1)$
$\mu=\mu_0$ 或 $\mu\geqslant\mu_0$	$\mu<\mu_0$	$u<-u_\alpha$	$t<-t_\alpha(n-1)$

例 1　某工厂用自动包装机包装食盐，规定每袋的质量为 500 克．现在随机抽取 10 袋，测得各袋食盐的质量（单位：克）为

495　510　505　498　503　492　502　505　497　506

设每袋食盐的质量服从正态分布 $X\sim N(\mu,\sigma^2)$，如果

（1）已知 $\sigma=5$；（2）σ 未知，在显著性水平为 0.05 下能否认为包装机工作正常？

解　由已知数据计算得

$$\bar{x}=501.5,\ s^2\approx 31.5667,\ s\approx 5.62 .$$

因为包装机工作正常时，总体均值 μ 应为 500 克，所以要检验的假设是

$$H_0:\ \mu=500;\ H_1:\ \mu\neq 500 .$$

（1）已知 $\sigma=5$，则应选取统计量为

$$u=\frac{\overline{X}-\mu_0}{\sigma_0/\sqrt{n}}\sim N(0,1) .$$

计算统计量 u 的观测值得

$$u=\frac{501.3-500}{5/\sqrt{10}}\approx 0.822 .$$

查表得临界值 $u_{\frac{\alpha}{2}}=u_{0.025}=1.96$．因为 $\lvert u\rvert<u_{0.025}$，所以在显著性水平为 0.05 下，接受原假设 H_0，即认为包装机工作正常．

（2）σ 未知，则应选取统计量

$$t=\frac{\overline{X}-\mu_0}{S/\sqrt{n}}\sim t(n-1) .$$

计算统计量t的观测值的

$$t=\frac{501.3-500}{5.62/\sqrt{10}}\approx 0.731.$$

查附表 4 得临界值$t_{\frac{\alpha}{2}}(n-1)=t_{0.025}(9)=2.26$．因为$|t|<t_{0.025}(9)$，所以在显著性水平为 0.05 下，接受原假设$H_0$，即认为包装机工作正常．

8.2.2 关于正态总体方差σ^2的假设检验

若已知$\mu=\mu_0$，则选取统计量

$$\chi_1^2=\frac{1}{\sigma_0^{\ 2}}\sum_{i=1}^{n}(X_i-\mu_0)^2,\tag{8.5}$$

且$\chi_1^2\sim\chi^2(n)$．

若μ未知，则选取统计量

$$\chi_2^2=\frac{(n-1)S^2}{\sigma_0^{\ 2}},\tag{8.6}$$

且$\chi_2^2\sim\chi^2(n-1)$．

正态总体方差的假设检验表如下：

原假设	备择假设 H_1	在显著性水平 α 下关于原假设 H_0 的拒绝域	
		已知 $\mu=\mu_0$	μ 未知
$\sigma^2=\sigma_0^{\ 2}$	$\sigma^2\neq\sigma_0^{\ 2}$	$\chi_1^2<\chi^2_{1-\frac{\alpha}{2}}(n)$ 或 $\chi_1^2>\chi^2_{\frac{\alpha}{2}}(n)$	$\chi_2^2<\chi^2_{1-\frac{\alpha}{2}}(n-1)$ 或 $\chi_2^2>\chi^2_{\frac{\alpha}{2}}(n-1)$
$\sigma^2=\sigma_0^{\ 2}$ 或 $\sigma^2\leqslant\sigma_0^{\ 2}$	$\sigma>\sigma_0$	$\chi_1^2>\chi^2_{\alpha}(n)$	$\chi_2^2>\chi^2_{\alpha}(n-1)$
$\sigma^2=\sigma_0^{\ 2}$ 或 $\sigma^2\geqslant\sigma_0^{\ 2}$	$\sigma<\sigma_0$	$\chi_1^2<\chi^2_{1-\alpha}(n)$	$\chi_2^2<\chi^2_{1-\alpha}(n-1)$

例 2 设某次考试的考生成绩服从正态分布，从中随机抽取16位考生的成绩，算得平均成绩为66.5分，标准差为15分．问在显著性水平0.2下：

（1）是否可以认为这次考试全体考生的平均成绩为70分？

（2）是否可以认为这次考试全体考生的成绩的方差为16^2？

解 （1）设H_0：$\mu=70$，H_1：$\mu\neq 70$．

由于σ^2未知，选统计量

$$t=\frac{\overline{X}-\mu_0}{S/\sqrt{n}}\sim t(n-1),$$

对显著性水平 $\alpha = 0.2$，查附表 4 得 $t_{\frac{\alpha}{2}}(n-1) = t_{0.1}(15) = 1.341$．由样本值计算得 $\overline{x} = 66.5$，$s = 15$，从而有

$$|t| = \frac{|66.5 - 70|}{15/4} = 0.933 < 1.341 = t_{\frac{\alpha}{2}}(n-1).$$

因此，接受 H_0，即在显著性水平 0.2 下可以认为这次考试全体考生的平均成绩为 70 分.

（2）设 H_0：$\sigma^2 = 16^2$，H_1：$\sigma^2 \neq 16^2$.

由于 μ 未知，选统计量

$$\chi^2 = \frac{(n-1)S^2}{{\sigma_0}^2} \sim \chi^2(n-1),$$

计算统计量的观测值 $\chi^2 = \dfrac{(16-1)\times 15^2}{16^2} \approx 13.184$.

对显著性水平 $\alpha = 0.2$，查附表 3 得

$$\chi^2_{0.1}(n-1) = \chi^2_{0.1}(15) \approx 22.307,$$

$$\chi^2_{0.9}(n-1) = \chi^2_{0.9}(15) \approx 8.547.$$

所以 $\chi^2_{0.9}(15) < \chi^2 < \chi^2_{0.1}(15)$，故接受 H_0，即在显著性水平 0.2 下可以认为这次考试全体考生的成绩的方差为 16^2.

习题 8.2

1．一种电子元件，要求其使用寿命不得低于 1000 小时，现在从一批这种元件中随机抽取 25 件，测得其寿命平均值为 950 小时，已知该种元件寿命服从标准差 $\sigma = 100$ 小时的正态分布，试在显著性水平 0.05 下确定这批产品是否合格.

2．某装置的平均工作温度据制造厂讲是 190℃，今从由 16 台装置构成的随机样本中得出的工作温度平均值和标准差分别为 195℃和 8℃。这些数据是否提供了充分证据说明平均工作温度比制造厂讲的要高？（$\alpha = 0.05$）（可以假定工作温度服从正态分布）

3．测定某种溶液中的水分，由它的 10 个测定值，算得 $\overline{x} = 0.452\%$，$s = 0.037\%$．设测定值总体服从正态分布，能否认为该溶液含水量小于 0.5%？（$\alpha = 0.05$）

4．从一台车床加工的成批轴料中抽取 15 件测量其椭圆度（设椭圆度服从正态分布），计算得 $S^2 = 0.025$，问该批轴料的椭圆度的总体方差与规定的方差 $\sigma^2 = 0.04$，有无显著差别？（$\alpha = 0.05$）

§8.3 两个正态总体参数的假设检验

现在来讨论两个正态总体参数的假设检验问题.

设总体 $X \sim N(\mu_1, \sigma_1^{\ 2})$，总体 $Y \sim N(\mu_2, \sigma_2^{\ 2})$，从这两个总体中分别抽取样本 $X_1, X_2, \cdots, X_{n_1}$ 及 $Y_1, Y_2, \cdots, Y_{n_2}$，样本均值和样本方差分别为

$$\overline{X} = \frac{1}{n_1}\sum_{i=1}^{n_1} X_i，\quad S_1^{\ 2} = \frac{1}{n_1 - 1}\sum_{i=1}^{n_1}(X_i - \overline{X})^2，$$

及

$$\overline{Y} = \frac{1}{n_2}\sum_{j=1}^{n_2} Y_j，\quad S_2^{\ 2} = \frac{1}{n_2 - 1}\sum_{j=1}^{n_2}(Y_j - \overline{Y})^2 .$$

8.3.1 两个正态总体均值 $\mu_1 = \mu_2$ 的假设检验

（1）如果已知 σ_1、σ_2，则统计量

$$U = \frac{\overline{X} - \overline{Y}}{\sqrt{\sigma_1^2 / n_1 + \sigma_2^2 / n_2}} \sim N(0,1) . \tag{8.7}$$

（2）如果未知 σ_1、σ_2，则统计量

$$T = \frac{\overline{X} - \overline{Y}}{S_w \sqrt{1/n_1 + 1/n_2}} \sim t(n_1 + n_2 - 2) . \tag{8.8}$$

其中

$$S_w^2 = \frac{n_1 - 1}{n_1 + n_2 - 2} S_1^2 + \frac{n_2 - 1}{n_1 + n_2 - 2} S_2^2 . \tag{8.9}$$

两个正态总体均值的假设检验表如下：

原假设 H_0	备择假设 H_1	在显著性水平 α 下关于 H_0 的拒绝域	
		已知 σ_1、σ_2	未知 σ_1、σ_2（$\sigma = \sigma_0$）
$\mu_1 = \mu_2$	$\mu_1 \neq \mu_2$	$\lvert U \rvert > u_{\alpha/2}$	$\lvert T \rvert > t_{\alpha/2}(n_1 + n_2 - 2)$
$\mu_1 \leqslant \mu_2$	$\mu_1 > \mu_2$	$U > u_\alpha$	$T > t_\alpha(n_1 + n_2 - 2)$
$\mu_1 \geqslant \mu_2$	$\mu_1 < \mu_2$	$U < -u_\alpha$	$T < -t_\alpha(n_1 + n_2 - 2)$

例 1 对两批同类电子元件的电阻进行测试，各抽取 6 件，测得结果如下.

第一批：0.140，0.138，0.143，0.141，0.144，0.137；

第二批：0.135，0.140，0.142，0.136，0.138，0.140.

设电子元件的电阻 $X \sim N(\mu,\sigma^2)$，检验两批电子元件电阻的均值是否有显著差异（取显著性水平 $\alpha = 0.05$）？

解　设 H_0：$\mu_1 = \mu_2$；H_1：$\mu_1 \neq \mu_2$.

选统计量

$$T = \frac{\overline{X} - \overline{Y}}{S_w\sqrt{1/n_1 + 1/n_2}} \sim t(n_1 + n_2 - 2).$$

计算得统计量的观测值为

$$T = \frac{0.1405 - 0.1385}{2.7\times10^{-3}\times\sqrt{\frac{1}{6}+\frac{1}{6}}} \approx 1.28.$$

对显著性水平 $\alpha = 0.05$，查附表 4 得 $t_{\alpha/2}(n_1 + n_2 - 2) = t_{0.025}(10) = 2.23$．因为 $|T| < t_{0.025}(10)$，所以在显著性水平 $\alpha = 0.05$ 下，接受原假设 H_0，即可以认为两批电子元件电阻的均值无显著差异.

8.3.2　两个正态总体方差 $\sigma_1^2 = \sigma_2^2$ 的假设检验

两个正态总体方差的假设检验表如下：

原假设 H_0	备择假设 H_1	已知 μ_1、μ_2	未知 μ_1、μ_2
		在显著性水平 α 下关于 H_0 的拒绝域	
$\sigma_1^2 = \sigma_2^2$	$\sigma_1^2 \neq \sigma_2^2$	$F_1 > F_{\alpha/2}(n_{分子}, n_{分母})$	$F_2 > F_{\alpha/2}(n_{分子} - 1, n_{分母} - 1)$
$\sigma_1^2 \leqslant \sigma_2^2$	$\sigma_1^2 > \sigma_2^2$	$F_1 = \frac{\hat{\sigma}_1^2}{\hat{\sigma}_2^2} > F_\alpha(n_1, n_2)$	$F_2 = \frac{S_1^2}{S_2^2} > F_\alpha(n_1 - 1, n_2 - 1)$
$\sigma_1^2 \geqslant \sigma_2^2$	$\sigma_1^2 < \sigma_2^2$	$F_1 = \frac{\hat{\sigma}_2^2}{\hat{\sigma}_1^2} > F_\alpha(n_2, n_1)$	$F_2 = \frac{S_2^2}{S_1^2} > F_\alpha(n_2 - 1, n_1 - 1)$

例 2　在上面的例 1 中，检验两批电子元件电阻的方差是否有显著差异（取显著性水平 $\alpha = 0.05$）？

解　设 H_0：$\sigma_1^2 = \sigma_2^2$；H_1：$\sigma_1^2 \neq \sigma_2^2$.

选统计量

$$F = \frac{S_1^2}{S_2^2} \sim F_\alpha(n_1 - 1, n_2 - 1).$$

计算得统计量的观测值为

$$F = \frac{7.5\times10^{-6}}{7.1\times10^{-6}} \approx 1.06.$$

对显著性水平$\alpha = 0.05$，查附表 5 得$F_{\alpha/2}(n_1-1,n_2-1) = F_{0.025}(5,5) = 7.15$．因为$F < F_{0.025}(5,5)$，所以在显著性水平$\alpha = 0.05$下，接受原假设$H_0$，即可以认为两批电子元件电阻的方差无显著差异.

总习题八

8.1　机器包装食盐，每袋质量X（单位：克）服从正态分布，规定每袋质量为 500 克．某天开工后，为检验机器工作是否正常，从包装好的食盐中随机抽取 9 袋，测得其质量为

497　507　510　475　484　488　524　491　515

以显著性水平$\alpha = 0.05$检验这天包装机工作是否正常？

8.2　化肥厂用自动打包机包装化肥．某日测得 9 包化肥的质量（单位：千克）如下：

49.7　49.8　50.3　50.5　49.7　50.1　49.9　50.5　50.4

已知每包化肥的质量服从正态分布，是否可以认为每包化肥的平均质量为 50 千克（取显著性水平$\alpha = 0.05$）？

8.3　已知某炼铁厂的铁水含碳量在正常情况下服从正态分布$N(4.40, 0.05^2)$，某日测得 5 炉铁水的含碳量如下：

4.34　4.40　4.42　4.30　4.35

如果标准差不变，该日铁水含碳量的均值是否显著降低（取显著性水平$\alpha = 0.05$）？

8.4　在正常情况下，维尼纶纤度服从正态分布，方差不大于0.048^2．某日抽取 5 根纤维，测得纤度如下：

1.32　1.55　1.36　1.40　1.44

是否可以认为该日生产的维尼纶纤度的方差是正常的（取显著性水平$\alpha = 0.01$）？

习题答案

第 1 章　随机事件及概率

习题 1.1

1. （1）$\overline{A}BC$；　　（2）$A \cup B \cup C$；
   （3）$A\overline{B}\,\overline{C} \cup \overline{A}B\overline{C} \cup \overline{A}\,\overline{B}C$；　　（4）$AB\overline{C} \cup A\overline{B}C \cup \overline{A}BC$；
   （5）$\overline{A}\,\overline{B}\,\overline{C} \cup A\overline{B}\,\overline{C} \cup \overline{A}B\overline{C} \cup \overline{A}\,\overline{B}C$；　　（6）$\overline{ABC}$ 或 $\overline{A} \cup \overline{B} \cup \overline{C}$．

2. （1）表示三次射击至少有一次没击中靶子；
   （2）表示前两次射击都没有击中靶子；
   （3）表示恰好连续两次击中靶子.

3. （1）$A_1 A_2 A_3$；　　（2）$A_1 \cup A_2 \cup A_3$；
   （3）$A_1 A_2 \overline{A_3} + A_1 \overline{A_2} A_3 + \overline{A_1} A_2 A_3$；　　（4）$\overline{A_1}\,\overline{A_2} \cup \overline{A_1}\,\overline{A_3} \cup \overline{A_2}\,\overline{A_3}$．

习题 1.2

1. 0.2.
2. $\frac{3}{8}$.
3. （1）当 $A \subset B$ 时，$P(AB)$ 取到最大值，最大值是 0.6;
   （2）当 $P(A \cup B) = 1$ 时，$P(AB)$ 取到最小值，最小值是 0.3.

习题 1.3

1. 0.74 .
2. 0.6 .
3. $\frac{3!8!}{10!}$.
4. $\frac{10}{19}$.
5. $\frac{5}{9}$.

习题 1.4

1．0.2．
2．0.832．
3．0.5．
4．0.64．
5．0.146．

习题 1.5

1．$P=\left(1-\dfrac{1}{m}\right)\cdots\left(1-\dfrac{1}{m}\right)\cdot\dfrac{1}{m}=\dfrac{1}{m}\left(1-\dfrac{1}{m}\right)^{k-1}$．
2．0.94，$\dfrac{40}{47}$．
3．0.133．

习题 1.6

1．（1）0.3293；　（2）0.8683；　（3）0.4609．
2．0.991．

总习题一

1.1　（1）0.7；　（2）0.6．
1.2　0.104．
1.3　（1）0.252；　（2）0.28．
1.4　（1）$\dfrac{3}{8}$；　（2）$\dfrac{1}{16}$；　（3）$\dfrac{9}{16}$．
1.5　（1）0.671；　（2）0.779．
1.6　（1）0.255；　（2）0.509；　（3）0.745；　（4）0.273．
1.7　0.999 3．
1.8　$\dfrac{1}{6}$．
1.9　（1）0.26；　（2）0.67；　（3）0.6．
1.10　0.94．
1.11　0.458．
1.12　（1）0.038 4；　（2）0.417，0.297，0.286．

1.13　0.112 .

1.14　6 .

1.15　0.1318 .

1.16　0.994 .

1.17　（1）0.648；　（2）0.682 .

1.18　（1）$\alpha = 0.94^n$；　（2）$\beta = \mathrm{C}_n^2 0.06^2 \times 0.94^{n-2}$；

（3）$\theta = 1 - 0.94^n - \mathrm{C}_n^1 0.94^{n-1} \times 0.06$.

第 2 章　随机变量及其分布

习题 2.1

1．A.

2．否.

3．$\frac{1}{36}$.

习题 2.2

1．

X	0	1	2	3
P	$\frac{3}{4}$	$\frac{9}{44}$	$\frac{9}{220}$	$\frac{1}{220}$

$$F(x) = \begin{cases} 0, & x < 0; \\ \frac{3}{4}, & 0 \leqslant x < 1; \\ \frac{21}{22}, & 1 \leqslant x < 2; \\ \frac{219}{220}, & 2 \leqslant x < 3; \\ 1, & x \geqslant 3. \end{cases}$$

2．$P\{X = k\} = p(1-p)[p^{k-2} + (1-p)^{k-2}]$（$k \in \mathbf{Z}, k \geqslant 2$）.

3．（1）0.0729；　（2）0.00856；（3）0.99954；　（4）0.40951 .

4．（1）0.0298；　（2）0.5665.

习题 2.3

1．（1）1；（2）$\frac{1}{4},\frac{8}{9}$；（3）$f(x)=\begin{cases}2x, & 0<x<1;\\ 0, & 其他.\end{cases}$

2．（1）乙；（2）甲.

3．（1）$a=2$；（2）0.125.

4．（1）0.5328；（2）0.957；（3）3.

5．$P_k=C_5^k\mathrm{e}^{-2k}(1-\mathrm{e}^{-2})^{5-k}$，$k=0,1,2,3,4,5.\ P\{Y\geqslant 1\}=1-(1-\mathrm{e}^{-2})^5$.

习题 2.4

1．（1）0.1；

（2）

Y	-1	0	3	8
P	$\frac{3}{10}$	$\frac{1}{5}$	$\frac{3}{10}$	$\frac{1}{5}$

2．$f(y)=\begin{cases}\dfrac{1}{c(b-a)}, & ca+d<y<cb+d;\\ 0, & 其他.\end{cases}$

3．$f(y)=\begin{cases}\dfrac{1}{2\sqrt{(y-1)\pi}}\mathrm{e}^{-\frac{y-1}{4}}, & y\geqslant 1;\\ 0, & y>1.\end{cases}$

4．$f(y)=\begin{cases}\dfrac{\lambda}{y^{\lambda+1}}, & y>1;\\ 0, & 其他.\end{cases}$.

总习题二

2.1　0.6，0.75，0.

2.2　$A=1$，$B=-1$，$1-\mathrm{e}^{-2}$.

2.3

X	3	4	5
$p(x_i)$	$\frac{1}{10}$	$\frac{3}{10}$	$\frac{3}{5}$

2.4 （1）$a=1$； （2）$a=\mathrm{e}^{-\lambda}$．

2.5 $F(x)=\begin{cases}0, & x<-1;\\ \dfrac{1}{3}, & -1\leqslant x<0;\\ \dfrac{1}{2}, & 0\leqslant x<1;\\ 1, & x\geqslant 1.\end{cases}$

2.6 $\dfrac{19}{27}$．

2.7 $\dfrac{2}{3}\mathrm{e}^{-2}\approx 0.902$．

2.8 （1）0.5； （2）$f(x)=\dfrac{1}{\pi(x^2+1)}$，$-\infty<x<+\infty$．

2.9 （1）1； （2）0.75；

（3）$F(x)=\begin{cases}0, & x<-1;\\ \dfrac{1}{2}(1+x)^2, & -1\leqslant x<0;\\ 1-\dfrac{1}{2}(1-x)^2, & 0\leqslant x<1;\\ 1, & x\geqslant 1.\end{cases}$

2.10 0.7.

2.11 0.6.

2.12 0.1587；0.8185；0.8664；0.0456.

2.13 0.3085；0.6853.

2.14 略.

2.15

X	1	4
$p(x_i)$	0.5	0.5

2.16 $f_Y(y)=\begin{cases}\dfrac{y-1}{2}, & 1<y<3;\\ 0, & \text{其他}.\end{cases}$

2.17 $f_Y(y)=\begin{cases}\dfrac{1}{2y}, & \mathrm{e}^2<y<\mathrm{e}^4;\\ 0, & \text{其他}.\end{cases}$

第3章　二维随机变量及其分布

习题 3.1

1．

X_1	X_2	
	0	1
0	0.1	0.1
1	0.8	0

2．（1）$k=\dfrac{1}{8}$；（2）$\dfrac{3}{8}$；（3）$\dfrac{27}{32}$；（4）$\dfrac{2}{3}$．

3．（1）$A=2$

（2）$F(x,y)=\begin{cases}(1-\mathrm{e}^{-2x})(1-\mathrm{e}^{-y}), & x>0，y>0,\\ 0, & 其他.\end{cases}$

（3）$\dfrac{2}{3}$．

习题 3.2

1．

X	Y			$P\{X=x_i\}$
	y_1	y_2	y_3	
x_1	$\frac{1}{24}$	$\frac{1}{8}$	$\frac{1}{12}$	$\frac{1}{4}$
x_2	$\frac{1}{8}$	$\frac{3}{8}$	$\frac{1}{4}$	$\frac{3}{4}$
$P\{Y=y_i\}$	$\frac{1}{6}$	$\frac{1}{2}$	$\frac{1}{3}$	1

2．（1）$F_X(x)=\dfrac{1}{2}+\dfrac{1}{\pi}\arctan\dfrac{x}{2}$；

（2）$f_Y(y)=\dfrac{3}{\pi(y^2+9)}$．

3．$f_X(x)=\begin{cases}2.4x^2(2-x), & 0\leqslant x\leqslant 1;\\ 0, & 其他.\end{cases}$

$f_Y(y)=\begin{cases}2.4y(3-4y+y^2), & 0\leqslant y\leqslant 1;\\ 0, & 其他.\end{cases}$

习题 3.3

1．0.5；0.25．

2．$\alpha=\dfrac{1}{3},\beta=\dfrac{1}{6}$．

3．X 和 Y 相互独立．

习题 3.4

1．

Z	0	1	2	5	8
P	0.2	0.15	0.3	0.25	0.1

2．$f_Z(z)=\begin{cases}z^2, & 0\leqslant z<1;\\ 2z-z^2, & 1\leqslant z\leqslant 2;\\ 0, & 其他.\end{cases}$

3．$f_Z(z)=\begin{cases}\mathrm{e}^{-z}, & z>0;\\ 0, & 其他.\end{cases}$

总习题三

3.1

Y	X			
	0	1	2	3
0	0	0	$\frac{3}{35}$	$\frac{2}{35}$
1	0	$\frac{6}{35}$	$\frac{12}{35}$	$\frac{2}{35}$
2	$\frac{1}{35}$	$\frac{6}{35}$	$\frac{3}{35}$	0

3.2

Y	X				$p_Y(y_j)$
	0	1	2	3	
1	0	$\frac{3}{8}$	$\frac{3}{8}$	0	$\frac{6}{8}$
3	$\frac{1}{8}$	0	0	$\frac{1}{8}$	$\frac{2}{8}$
$p_X(x_i)$	$\frac{1}{8}$	$\frac{3}{8}$	$\frac{3}{8}$	$\frac{1}{8}$	1

3.3　$P\{Z=k\}=\dfrac{k-1}{2^k},k=2,3,\cdots$

3.4　（1）$c=2$；　　（2）$\dfrac{1}{6}$.

3.5

X	Y			$p_X(x_i)$
	y_1	y_2	y_3	
x_1	$\frac{1}{24}$	$\frac{1}{8}$	$\frac{1}{12}$	$\frac{1}{4}$
x_2	$\frac{1}{8}$	$\frac{3}{8}$	$\frac{1}{4}$	$\frac{3}{4}$
$p_Y(y_j)$	$\frac{1}{6}$	$\frac{1}{2}$	$\frac{1}{3}$	1

3.6　（1）$f_X(x)=\begin{cases}\mathrm{e}^{-x}, & x>0;\\ 0, & x\leqslant 0.\end{cases}$　$f_Y(y)=\begin{cases}y\mathrm{e}^{-y}, & y>0;\\ 0, & y\leqslant 0.\end{cases}$

（2）X、Y不是相互独立的.

3.7　e^{-1}.

3.8　0.00063.

3.9　（1）不独立；

（2）$f_Z(z)=\begin{cases}\dfrac{1}{2}z^2\mathrm{e}^{-z}, & z>0;\\ 0, & \text{其他}.\end{cases}$

3.10　（1）$b=\dfrac{1}{1-\mathrm{e}^{-1}}$.

（2） $f_X(x)=\begin{cases}0, & x\leqslant 0\text{或}x\geqslant 1;\\ \dfrac{e^{-x}}{1-e^{-1}}, & 0<x<1.\end{cases}$

$f_Y(y)=\begin{cases}0, & y\leqslant 0;\\ e^{-y}, & y>0.\end{cases}$

（3） $F_U(u)=\begin{cases}0, & u\leqslant 0;\\ \dfrac{(1-e^{-u})^2}{1-e^{-1}}, & 0<u<1;\\ 1-e^{-u}, & u\geqslant 1.\end{cases}$

第 4 章　随机变量的数字特征

习题 4.1

1．$E(X)=0.5$.

2．$\dfrac{3}{4}$，$-\dfrac{1}{4}$，$\dfrac{37}{12}$.

3．3，2.

4．35.

5．$\dfrac{2}{\pi}$.

6．1.

习题 4.2

1．2.

2．$n=6, p=0.4$.

3．44.

4．$E(X)=1, D(X)=\dfrac{1}{2}$.

5．$\dfrac{4}{3}$.

6．$\dfrac{8}{9}$.

习题 4.3

1．略．

2．$E(X)=\frac{2}{3}$，$E(Y)=0$，$\mathrm{Cov}(X,Y)=0$．

3．0．

总习题四

4.1 $\frac{81}{64}$．

4.2 $E(X)=4$；$D(X)=2.4$．

4.3 4.5．

4.4 $E(X)=1.2$；$D(X)=0.72$．

4.5 $\frac{2}{9}$．

4.6 $E(X)=\frac{2}{3}$；$D(X)=\frac{1}{18}$．

4.7 $E(X)=0$；$D(X)=\frac{1}{2}$．

4.8 $E(X)=0$；$D(X)=2$．

4.9 $E(Y_1)=2$；$E(Y_2)=\frac{1}{3}$．

4.10 8.784．

4.11 （1）$f_X(x)=\begin{cases}2x, & 0\leqslant x\leqslant 1;\\ 0, & \text{其他}.\end{cases}$

（2）$D(Z)=D(2X+1)=4D(X)=\frac{2}{9}$．

4.12 $E(X)=\frac{1}{3}$，$E(3X-2Y)=\frac{1}{3}$．

4.13 $E(X)=\frac{1}{4}$，$E(Y)=\frac{1}{2}$，$D(X)=\frac{1}{48}$，$D(Y)=\frac{1}{4}$，

$\mathrm{Cov}(X,Y)=0$，$R(X,Y)=0$．

第5章 大数定律和中心极限定理

习题 5.1

1．$\leqslant \frac{1}{2}$．

2．$\geqslant \frac{8}{9}$．

习题 5.2

1．98．

2．0.4938．

总习题五

5.1 $\geqslant 0.9475$．

5.2 0.9876．

5.3 27．

5.4 0.8944．

5.5 0.0793．

5.6 0.9974．

5.7 （1）0.8192； （2）0.1056．

5.8 0.4382．

第6章 数理统计的基本知识

习题 6.1

1．$\overline{x} = 13.226, s^2 = 0.73$.

2．$\overline{x} = 2.18, s^2 = 21491, u_2 = 2.1276$.

3．略．

4．$26.217, 3.571, 2.681, -2.681, 1.91, 0.357$.

习题 6.2

1．（1）0.9916；（2）0.8904；（3）96.

2．（1）01；（2）0.75.

总习题六

6.1 18.45；10.775.

6.2 2；19.33.

6.3 证明略；自由度为 1.

6.4 略.

6.5 略.

6.6 （1）$c=1$，自由度为 2；（2）$d=\frac{\sqrt{6}}{2}$，自由度为 3.

6.7 3.07.

6.8 0.0793.

6.9 14.684.

6.10 0.025.

6.11 （1）0.8664；（2）0.8.

6.12 （1）0.99；（2）0.95.

第 7 章 参数估计

习题 7.1

1．参数 p 的矩估计值和极大似然估计值均为 $\overline{x}$.

2．参数 θ 的矩估计值为 $\frac{\overline{x}}{1-\overline{x}}$；极大似然估计值为 $-\frac{n}{\sum_{i=1}^{n}\ln x_i}$.

3．μ_3 更有效.

习题 7.3

1．（1）(5.608,6.392)；（2）(5.558,6.442)

2．(18.94,24.86)

3.（1）(42.91,43.89)；（2）(0.53,1.15)

总习题七

7.1　参数θ的矩估计值为$\hat{\theta}=\frac{5}{6}$；极大似然估计值为$\hat{\theta}=\frac{5}{6}$.

7.2　参数λ的矩估计值为$\hat{\lambda}=\frac{1}{n}\sum_{i=1}^{n}x_i=\overline{x}$；极大似然估计值为$\hat{\lambda}=\frac{1}{n}\sum_{i=1}^{n}x_i=\overline{x}$.

7.3　参数θ的极大似然估计值为$\hat{\theta}=\frac{1}{n}\sum_{i=1}^{n}|x_i|$.

7.4　极大似然估计值为$\hat{\theta}=\min\{x_1,x_2,\cdots,x_n\}$.

7.5　(1385.7,1561.1).

7.6　(1635.69,1664.31).

7.7　(40.28,240.98).

7.8　40394.

7.9　$(-2.37,-1.67)$.

第8章　假设检验

习题 8.1

1．B.

2．A.

3．拒绝.

4．α.

习题 8.2

1．在显著性水平$\alpha=0.05$下，认为这批产品不合格.

2．在显著性水平$\alpha=0.05$下，认为该装置平均工作温度高于190℃.

3．在显著性水平$\alpha=0.05$下，认为溶液的含水量小于0.5%.

4．在显著性水平$\alpha=0.05$下，认为该批轴料的椭圆度的总体方差与规定的方差$\sigma^2=0.04$无显著差别.

总习题八

8.1 在显著性水平$\alpha = 0.05$下，这天包装机工作正常.

8.2 在显著性水平$\alpha = 0.05$下，认为每包化肥的平均质量为50千克.

8.3 在显著性水平$\alpha = 0.05$下，该日铁水含碳量的均值显著降低了.

8.4 在显著性水平$\alpha = 0.01$下，不可以认为该日生产的维尼纶纤度的方差是正常的.

参考文献

[1] 沈恒范．概率论与数理统计教程[M]．北京：高等教育出版社，2011．

[2] 盛骤，谢式千，潘承毅．概率论与数理统计[M]．北京：高等教育出版社，2019．

[3] 盛骤，谢式千，潘承毅．概率论与数理统计附册——学习辅导与习题选解[M]．北京：高等教育出版社，2020．

[3] 吴传生．经济数学——概率论与数理统计[M]．北京：高等教育出版社，2009．

[4] 王松桂，张忠占，程维虎，等．概率论与数理统计[M]．北京：科学出版社，2011．

[5] 杨桂元，李天胜，徐军．数学模型应用实例[M]．合肥：合肥工业大学出版社，2007．

[6] 吴赣昌．概率论与数理统计（理工类）[M]．4 版．北京：中国人民大学出版社，2011．

[7] 吴赣昌．概率论与数理统计（经管类）[M]．4 版．北京：中国人民大学出版社，2012．

[8] 陈必红．概率论与数理统计[M]．武汉：华中科技大学出版社，2013．

[9] 张晓东．概率论与数理统计[M]．上海：同济大学出版社，2010．

[10] 姜启源，谢金星，叶俊．数学模型[M]．北京：高等教育出版社，2007．

[11] 赵静，但琦，严尚安，等．数学建模与数学实验[M]．北京：高等教育出版社，2000．

[12] 韩中庚．数学建模方法及其应用[M]．北京：高等教育出版社，2005．

[13] 林成森．数值分析[M]．北京：科学出版社，2006．

附　　录

附表 1　泊松分布表

$$P(X=k)=\frac{\lambda^k}{k!}\mathrm{e}^{-\lambda}$$

k	λ					
	0.1	0.2	0.3	0.4	0.5	0.6
0	0.904837	0.818731	0.74818	0.670320	0.606531	0.548812
1	0.090484	0.163746	0.222245	0.268128	0.303265	0.329287
2	0.004524	0.16375	0.033337	0.053626	0.075816	0.098786
3	0.000151	0.001092	0.003334	0.007150	0.012636	0.019757
4	0.000004	0.000055	0.000250	0.000715	0.001580	0.002964
5		0.000020	0.000005	0.000057	0.000158	0.000356
6			0.000001	0.000004	0.000013	0.000036
7					0.000001	0.000003

k	λ					
	0.7	0.8	0.9	1	2	3
0	0.496585	0.449329	0.406570	0.367879	0.135335	0.049787
1	0.347610	0.359463	0.365913	0.367879	0.270671	0.149361
2	0.121663	0.143785	0.164661	0.183940	0.270671	0.224042
3	0.028388	0.038343	0.049398	0.061313	0.180447	0.224042
4	0.004968	0.007669	0.011115	0.015328	0.090224	0.168031
5	0.000696	0.001227	0.002001	0.003066	0.036089	0.100819
6	0.000081	0.000164	0.000300	0.000511	0.12030	0.050409
7	0.000008	0.000019	0.000039	0.000073	0.003437	0.021604
8	0.000001	0.000002	0.000004	0.000009	0.000859	0.008102
9				0.000001	0.000191	0.002701
10					0.000038	0.000810
11					0.000007	0.000221
12					0.000001	0.000055
13						0.000013
14						0.000003
15						0.000001

续表

k	λ						
	4	5	6	7	8	9	10
0	0.018316	0.006738	0.002479	0.000912	0.000335	0.000123	0.000045
1	0.073263	0.033690	0.014873	0.006383	0.002684	0.001111	0.000454
2	0.146525	0.084224	0.044618	0.022341	0.010735	0.001998	0.002270
3	0.195367	0.140374	0.089235	0.052129	0.028626	0.014994	0.007567
4	0.195367	0.175467	0.133853	0.091226	0.057252	0.033737	0.018917
5	0.156293	0.175467	0.160623	0.127717	0.091604	0.060727	0.037833
6	0.104196	0.146223	0.160623	0.149003	0.122138	0.091090	0.063055
7	0.059540	0.104445	0.137677	0.149003	0.139587	0.117116	0.090079
8	0.029770	0.065278	0.103258	0.130377	0.139587	0.131756	0.112599
9	0.013231	0.036266	0.068838	0.101405	0.124077	0.131756	0.125110
10	0.005292	0.018133	0.041303	0.070983	0.099262	0.118580	0.125110
11	0.001925	0.008242	0.022529	0.045171	0.072190	0.097020	0.113736
12	0.000642	0.003434	0.011264	0.026350	0.048127	0.072765	0.094780
13	0.000197	0.001321	0.005199	0.014188	0.029616	0.050376	0.072908
14	0.000056	0.000472	0.002228	0.007094	0.016924	0.032384	0.052077
15	0.000015	0.000157	0.000891	0.003311	0.009026	0.019431	0.034718
16	0.000004	0.000049	0.000334	0.001448	0.004513	0.010930	0.021699
17	0.000001	0.000014	0.000118	0.000596	0.002124	0.005786	0.012764
18		0.000004	0.000039	0.000232	0.000944	0.002893	0.007091
19		0.000001	0.000012	0.000085	0.000397	0.001370	0.003732
20			0.000004	0.000030	0.000159	0.000617	0.001866
21			0.000001	0.000010	0.000061	0.000264	0.000889
22				0.000003	0.000022	0.000108	0.000404
23				0.000001	0.000008	0.000042	0.000176
24					0.000003	0.000016	0.000073
25					0.000001	0.000006	0.000029
26						0.000002	0.000011
27						0.000001	0.000004
28							0.000001
29							0.000001

附表 2 标准正态分布表

$$\Phi(x)=\int_{-\infty}^{x}\frac{1}{\sqrt{2\pi}}\mathrm{e}^{-\frac{t^2}{2}}\mathrm{d}t=P(X\leqslant x)$$

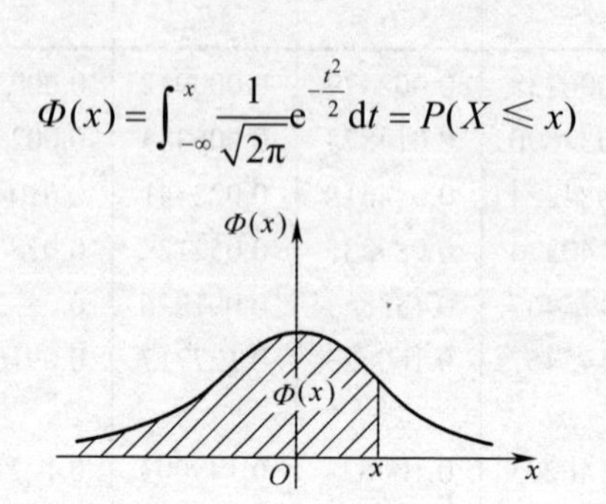

x	0	1	2	3	4	5	6	7	8	9
0.0	0.5000	0.5040	0.5080	0.5120	0.5160	0.5199	0.5239	0.5279	0.5319	0.5359
0.1	0.5398	0.5438	0.5478	0.5517	0.5557	0.5596	0.5636	0.5675	0.5714	0.5753
0.2	0.5793	0.5832	0.5871	0.5910	0.5948	0.5987	0.6026	0.6064	0.6103	0.6141
0.3	0.6179	0.6217	0.6255	0.6293	0.6331	0.6368	0.6406	0.6443	0.6480	0.6517
0.4	0.6554	0.6591	0.6628	0.6664	0.6700	0.6736	0.6772	0.6808	0.6844	0.6879
0.5	0.6915	0.6950	0.6985	0.7019	0.7054	0.7088	0.7123	0.7157	0.7190	0.7224
0.6	0.7257	0.7291	0.7324	0.7357	0.7389	0.7422	0.7454	0.7486	0.7517	0.7549
0.7	0.7580	0.7611	0.7642	0.7673	0.7704	0.7734	0.7764	0.7794	0.7823	0.7852
0.8	0.7881	0.7910	0.7939	0.7967	0.7995	0.8023	0.8051	0.8078	0.8106	0.8133
0.9	0.8159	0.8186	0.8212	0.8238	0.8264	0.8289	0.8315	0.8340	0.8365	0.8389
1.0	0.8413	0.8438	0.8461	0.8485	0.8508	0.8531	0.8554	0.8577	0.8599	0.8621
1.1	0.8643	0.8665	0.8686	0.8708	0.8729	0.8749	0.8770	0.8790	0.8810	0.8830
1.2	0.8849	0.8869	0.8888	0.8907	0.8925	0.8944	0.8962	0.8980	0.8997	0.9015
1.3	0.9032	0.9049	0.9066	0.9082	0.9099	0.9115	0.9131	0.9147	0.9162	0.9177
1.4	0.9192	0.9207	0.9222	0.9236	0.9251	0.9265	0.9279	0.9292	0.9306	0.9319
1.5	0.9332	0.9345	0.9357	0.9370	0.9382	0.9394	0.9406	0.9418	0.9429	0.9441
1.6	0.9452	0.9463	0.9474	0.9484	0.9495	0.9505	0.9515	0.9525	0.9535	0.9545
1.7	0.9554	0.9564	0.9573	0.9582	0.9591	0.9599	0.9608	0.9616	0.9625	0.9633
1.8	0.9641	0.9649	0.9656	0.9664	0.9671	0.9678	0.9686	0.9693	0.9699	0.9706
1.9	0.9713	0.9719	0.9726	0.9732	0.9738	0.9744	0.9750	0.9756	0.9761	0.9767
2.0	0.9772	0.9778	0.9783	0.9788	0.9793	0.9798	0.9803	0.9808	0.9812	0.9817

续表

x	0	1	2	3	4	5	6	7	8	9
2.1	0.9821	0.9826	0.9830	0.9834	0.9838	0.9842	0.9846	0.9850	0.9854	0.9857
2.2	0.9861	0.9864	0.9868	0.9871	0.9875	0.9878	0.9881	0.9884	0.9887	0.9890
2.3	0.9893	0.9896	0.9898	0.9901	0.9904	0.9906	0.9909	0.9911	0.9913	0.9916
2.4	0.9918	0.9920	0.9922	0.9925	0.9927	0.9929	0.9931	0.9932	0.9934	0.9936
2.5	0.9938	0.9940	0.9941	0.9943	0.9945	0.9946	0.9948	0.9949	0.9951	0.9952
2.6	0.9953	0.9955	0.9956	0.9957	0.9959	0.9960	0.9961	0.9962	0.9963	0.9964
2.7	0.9965	0.9966	0.9967	0.9968	0.9969	0.9970	0.9971	0.9972	0.9973	0.9974
2.8	0.9974	0.9975	0.9976	0.9977	0.9977	0.9878	0.9979	0.9979	0.9980	0.9981
2.9	0.9981	0.9982	0.9982	0.9983	0.9984	0.9984	0.9985	0.9985	0.9986	0.9986
3.0	0.9987	0.9990	0.9993	0.9995	0.9997	0.9998	0.9998	0.9999	0.9999	1.0000

注：表中末行函数值 $\Phi(3.00),\Phi(3.01),\cdots,\Phi(3.09)$.

下面给出几个常用的上 α 分位点 u_α ，它满足 $\Phi(u_\alpha)=1-\alpha$.

α	0.10	0.05	0.025	0.01	0.005	0.001
u_α	1.282	1.645	1.960	2.326	2.576	3.090

附表 3 χ^2 分布表

$$P\{\chi^2(n) > \chi^2_\alpha(n)\} = \alpha$$

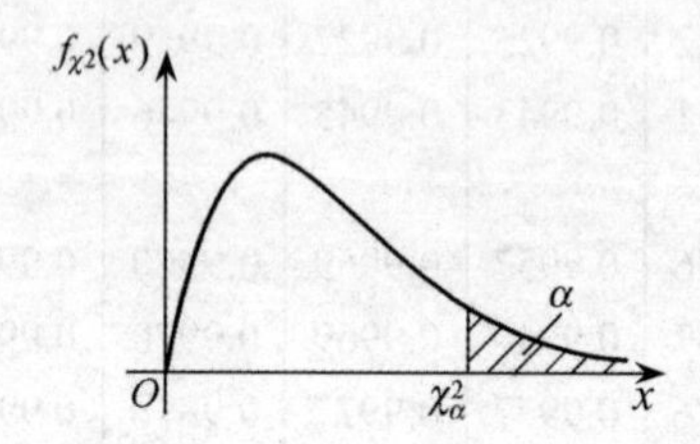

n	α													
	0.99	0.98	0.95	0.90	0.80	0.70	0.50	0.30	0.20	0.10	0.05	0.02	0.01	0.001
1	0.03157	0.03628	0.02393	0.0158	0.0642	0.148	0.455	1.074	1.642	2.706	3.841	5.412	6.635	10.828
2	0.0201	0.0404	0.103	0.211	0.446	0.713	1.386	2.408	3.219	4.605	5.991	7.824	9.210	13.816
3	0.115	0.158	0.352	0.584	1.005	1.424	2.366	3.665	4.642	6.251	7.815	9.837	11.345	16.266
4	0.297	0.429	0.711	1.064	1.649	2.195	3.357	4.878	5.989	7.779	9.488	11.668	12.277	18.467
5	0.554	0.752	1.145	1.610	2.343	3.000	4.351	6.064	7.289	9.236	11.070	13.388	15.068	20.515
6	0.872	1.134	1.635	2.204	3.070	3.828	5.348	7.231	8.558	10.645	12.592	15.033	16.812	22.458
7	1.239	1.564	2.167	2.833	3.822	4.671	6.346	8.383	9.803	12.017	14.067	16.622	18.475	24.322
8	1.646	2.032	2.733	3.490	4.594	5.527	7.344	9.524	11.030	13.362	15.507	18.168	20.090	26.125
9	2.088	2.532	3.325	4.168	5.380	6.393	8.343	10.656	12.242	14.684	16.919	19.679	21.666	27.877
10	2.558	3.059	3.940	4.865	6.179	7.267	9.342	11.781	13.442	15.987	18.307	21.161	23.209	29.588
11	3.053	3.609	4.575	5.578	6.989	8.148	10.341	12.899	14.631	17.275	19.675	22.618	24.725	31.264
12	3.571	4.178	5.226	6.304	7.807	9.034	11.340	14.011	15.812	18.549	21.026	24.054	26.217	32.909
13	4.107	4.765	5.892	7.042	8.634	9.926	12.340	15.119	16.985	19.812	22.362	25.472	27.688	34.528
14	4.660	5.368	6.571	7.790	9.467	10.821	13.339	16.222	18.151	21.064	23.685	26.873	29.141	36.123
15	5.229	5.985	7.261	8.547	10.307	11.721	14.339	17.322	19.311	22.307	24.996	28.259	30.578	37.697
16	5.812	6.614	7.962	9.312	11.152	12.624	15.338	18.418	20.465	23.542	26.296	29.633	32.000	39.252
17	6.408	7.255	8.672	10.085	12.002	13.531	16.338	19.511	21.615	24.769	27.587	30.995	33.409	40.790
18	7.015	7.906	9.390	10.865	12.857	14.440	17.338	20.601	22.760	25.989	28.869	32.346	34.805	42.312
19	7.633	8.567	10.117	11.651	13.716	15.352	18.338	21.689	23.900	27.204	30.144	33.687	36.191	43.820
20	8.260	9.237	10.851	12.443	14.578	16.266	19.337	22.775	25.038	28.412	31.410	35.020	37.566	45.315

续表

n	α													
	0.99	0.98	0.95	0.90	0.80	0.70	0.50	0.30	0.20	0.10	0.05	0.02	0.01	0.001
21	8.897	9.915	11.591	13.240	15.445	17.182	20.337	23.858	26.171	29.615	32.671	36.343	38.932	46.797
22	9.542	10.600	12.338	14.042	16.314	18.101	21.337	24.939	27.301	30.813	33.924	37.659	40.289	48.268
23	10.196	11.293	13.091	14.848	17.187	19.021	22.337	26.018	28.429	32.007	35.172	38.968	41.638	49.728
24	10.856	11.992	13.848	15.659	18.062	19.943	23.337	27.096	29.553	33.196	36.415	40.276	42.980	51.179
25	11.524	12.697	14.611	16.473	18.940	20.867	24.337	28.172	30.675	34.382	37.652	41.566	44.314	52.618
26	12.198	13.409	15.379	17.292	19.820	21.792	25.336	29.246	31.795	35.563	38.885	42.856	45.642	54.052
27	12.879	14.125	16.151	18.114	20.703	22.719	26.336	30.319	32.912	36.741	40.113	44.140	46.963	55.476
28	13.565	14.847	16.928	18.939	21.588	23.647	27.336	31.391	34.027	37.916	41.337	45.419	48.278	56.893
29	14.256	15.574	17.708	19.768	22.475	24.577	28.336	32.461	35.139	39.087	42.557	46.693	49.588	58.301
30	14.95	16.306	18.493	20.599	23.364	25.508	29.336	33.530	36.250	40.256	43.773	47.962	50.892	59.703

附表4　t分布表

$$P\{t(n) > t_{\alpha}(n)\} = \alpha$$

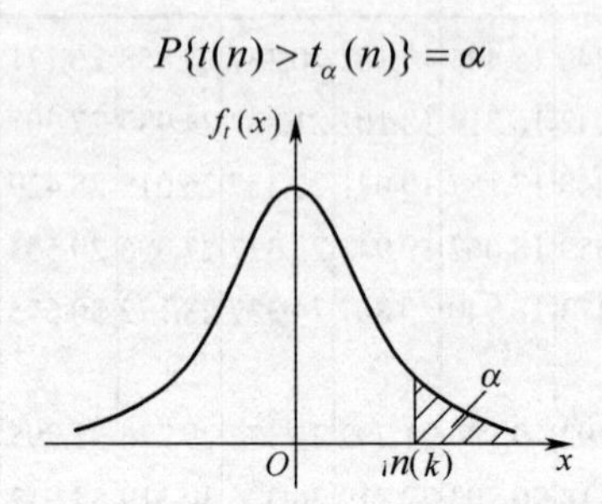

n	α							
	0.40	0.30	0.20	0.10	0.05	0.025	0.01	0.005
1	0.325	0.727	1.376	3.078	6.314	12.706	31.821	63.657
2	0.289	0.617	1.061	1.886	2.920	4.303	6.965	9.925
3	0.277	0.584	0.978	1.638	2.353	3.182	4.541	5.841
4	0.271	0.569	0.941	1.533	2.132	2.776	3.747	4.604
5	0.267	0.559	0.920	1.476	2.015	2.571	3.365	4.032
6	0.265	0.553	0.906	1.440	1.943	2.447	3.143	3.707
7	0.263	0.549	0.896	1.415	1.895	2.365	2.998	3.499
8	0.262	0.546	0.889	1.397	1.860	2.306	2.896	3.355
9	0.261	0.543	0.883	1.383	1.833	2.262	2.821	3.250
10	0.260	0.542	0.879	1.372	1.812	2.228	2.764	3.169
11	0.260	0.540	0.876	1.363	1.796	2.201	2.718	3.106
12	0.259	0.539	0.873	1.356	1.782	2.179	2.681	3.055
13	0.259	0.538	0.870	1.350	1.771	2.160	2.650	3.012
14	0.258	0.537	0.868	1.345	1.761	2.145	2.624	2.977
15	0.258	0.536	0.866	1.341	1.753	2.131	2.602	2.947
16	0.258	0.535	0.865	1.337	1.746	2.120	2.583	2.921
17	0.257	0.534	0.863	1.333	1.740	2.110	2.567	2.898
18	0.257	0.534	0.862	1.330	1.734	2.101	2.552	2.878
19	0.257	0.533	0.861	1.328	1.729	2.093	2.539	2.861
20	0.257	0.533	0.860	1.325	1.725	2.086	2.528	2.845
21	0.257	0.532	0.859	1.323	1.721	2.080	2.518	2.831
22	0.256	0.532	0.858	1.321	1.717	2.074	2.508	2.819
23	0.256	0.532	0.858	1.319	1.714	2.069	2.500	2.807
24	0.256	0.531	0.857	1.318	1.711	2.064	2.492	2.797
25	0.256	0.531	0.856	1.316	1.708	2.060	2.485	2.787
26	0.256	0.531	0.856	1.315	1.706	2.056	2.479	2.779
27	0.256	0.531	0.855	1.314	1.703	2.052	2.473	2.771
28	0.256	0.530	0.855	1.313	1.701	2.048	2.467	2.763
29	0.256	0.530	0.854	1.311	1.699	2.045	2.462	2.756
30	0.256	0.530	0.854	1.310	1.697	2.042	2.457	2.750
40	0.255	0.529	0.851	1.303	1.684	2.021	2.423	2.704
60	0.254	0.527	0.848	1.296	1.671	2.000	2.390	2.660

附表5　F分布表

$$P(F(n_1,n_2) > F_\alpha(n_1,n_2)) = \alpha$$

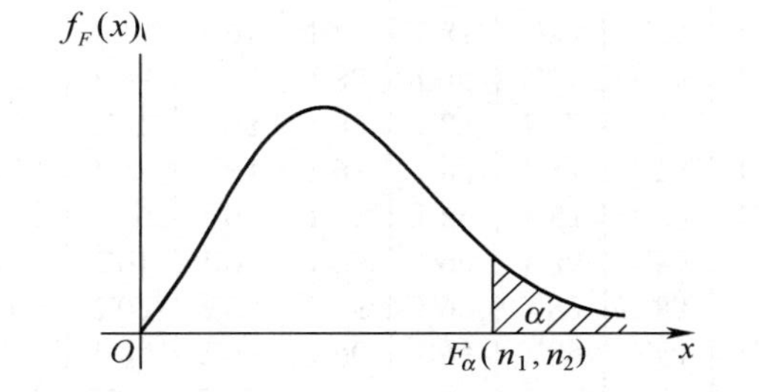

$\alpha = 0.10$

n_2	n_1																		
	1	2	3	4	5	6	7	8	9	10	12	15	20	24	30	40	60	120	∞
1	39.86	49.50	53.59	55.33	57.24	58.20	58.91	59.44	59.86	60.19	60.71	61.22	61.74	62.06	62.26	62.53	62.79	63.06	63.33
2	8.53	9.00	9.16	9.24	6.29	9.33	9.35	9.37	9.38	9.39	9.41	9.42	9.44	9.45	9.46	9.47	9.47	9.48	9.49
3	5.54	5.46	5.39	5.34	5.31	5.28	5.27	5.25	5.24	5.23	5.22	5.20	5.18	5.18	5.17	5.16	5.15	5.14	5.13
4	4.54	4.32	4.19	4.11	4.05	4.01	3.98	3.95	3.94	3.92	3.90	3.87	3.84	3.83	3.82	3.80	3.79	3.78	3.76
5	4.06	3.78	3.62	3.52	3.45	3.40	3.37	3.34	3.32	3.30	3.27	3.24	3.21	3.19	3.17	3.16	3.14	3.12	3.10
6	3.78	3.46	3.29	3.18	3.11	3.05	3.01	2.98	2.96	2.94	2.90	2.87	2.84	2.82	2.80	2.78	2.76	2.74	2.72
7	3.59	3.26	3.07	2.96	2.88	2.83	2.78	2.75	2.72	2.70	2.67	2.63	2.59	2.58	2.56	2.54	2.51	2.49	2.47
8	3.46	3.11	2.92	2.81	2.73	2.67	2.62	2.59	2.56	2.54	2.50	2.46	2.42	2.40	2.38	2.36	2.34	2.32	2.29

$\alpha = 0.10$ 续表

n_2	n_1																		
	1	2	3	4	5	6	7	8	9	10	12	15	20	24	30	40	60	120	∞
9	3.36	3.01	2.81	2.69	2.61	2.55	2.51	2.47	2.44	2.42	2.38	2.34	2.30	2.28	2.25	2.23	2.21	2.18	2.16
10	3.20	2.92	2.73	2.61	2.52	2.46	2.41	2.38	2.35	2.32	2.28	2.24	2.20	2.18	2.16	2.13	2.11	2.08	2.06
11	3.23	2.86	2.66	2.54	2.45	2.39	2.34	2.30	2.27	2.25	2.21	2.17	2.12	2.10	2.08	2.05	2.03	2.00	1.97
12	3.18	2.81	2.61	2.48	2.39	2.33	2.28	2.24	2.21	2.19	2.15	2.10	2.06	2.04	2.01	1.99	1.96	1.93	1.90
13	3.14	2.76	2.56	2.43	2.35	2.28	2.23	2.20	2.16	2.14	2.10	2.05	2.01	1.98	1.96	1.93	1.90	1.88	1.85
14	3.10	2.73	2.52	2.39	2.31	2.24	2.19	2.15	2.12	2.10	2.05	2.01	1.96	1.94	1.91	1.89	1.82	1.83	1.80
15	3.07	2.70	2.49	2.36	2.27	2.21	2.16	2.12	2.09	2.06	2.02	1.97	1.92	1.90	1.87	1.85	1.82	1.79	1.76
16	3.05	2.67	2.46	2.33	2.24	2.18	2.13	2.09	2.06	2.03	1.99	1.94	1.89	1.87	1.84	1.81	1.78	1.75	1.72
17	3.03	2.64	2.44	2.31	2.22	2.15	2.10	2.06	2.03	2.00	1.96	1.91	1.86	1.84	1.81	1.78	1.75	1.72	1.69
18	3.01	2.62	2.42	2.29	2.20	2.13	2.08	2.04	2.00	1.98	1.93	1.89	1.84	1.81	1.78	1.75	1.72	1.69	1.66
19	2.99	2.61	2.40	2.27	2.18	2.11	2.06	2.02	1.98	1.96	1.91	1.86	1.81	1.79	1.76	1.73	1.70	1.67	1.63
20	2.97	2.50	2.38	2.25	2.16	2.09	2.04	2.00	1.96	1.94	1.89	1.84	1.79	1.77	1.74	1.71	1.68	1.64	1.61
21	2.96	9.57	2.36	2.23	2.14	2.08	2.02	1.98	1.95	1.92	1.87	1.83	1.78	1.75	1.72	1.69	1.66	1.62	1.59
22	2.95	2.56	2.35	2.22	2.13	2.06	2.01	1.97	1.93	1.90	1.86	1.81	1.76	1.73	1.70	1.67	1.64	1.60	1.57
23	2.94	2.55	2.34	2.21	2.11	2.05	1.99	1.95	1.92	1.89	1.84	1.80	1.74	1.72	1.69	1.66	1.62	1.59	1.55
24	2.93	2.54	2.33	2.19	2.10	2.04	1.98	1.94	1.91	1.88	1.83	1.78	1.73	1.70	1.67	1.64	1.61	1.57	1.53
25	2.92	2.53	2.32	2.18	2.09	2.02	1.97	1.93	1.89	1.87	1.82	1.77	1.72	1.69	1.66	1.63	1.59	1.56	1.52
26	2.91	2.52	2.31	2.17	2.08	2.01	1.96	1.92	1.88	1.86	1.81	1.76	1.71	1.68	1.65	1.61	1.58	1.54	1.50
27	2.90	2.51	2.30	2.17	2.07	2.00	1.95	1.91	1.87	1.85	1.80	1.75	1.70	1.67	1.64	1.60	1.57	1.53	1.49
28	2.89	2.50	2.29	2.16	2.60	2.00	1.94	1.90	1.87	1.84	1.79	1.74	1.69	1.66	1.63	1.59	1.56	1.52	1.48
29	2.89	2.50	2.28	2.15	2.06	1.99	1.93	1.89	1.86	1.83	1.78	1.73	1.68	1.65	1.62	1.58	1.55	1.51	1.47
30	2.88	2.49	2.22	2.14	2.05	1.98	1.93	1.88	1.85	1.82	1.77	1.72	1.67	1.64	1.61	1.57	1.54	1.50	1.46
40	2.84	2.41	2.23	2.00	2.00	1.93	1.87	1.83	1.79	1.76	1.71	1.66	1.61	1.57	1.54	1.51	1.47	1.42	1.38
60	2.79	2.39	2.18	2.04	1.95	1.87	1.82	1.77	1.74	1.71	1.66	1.60	1.54	1.51	1.48	1.44	1.40	1.35	1.29
120	2.75	2.35	2.13	1.99	1.90	1.82	1.77	1.72	1.68	1.65	1.60	1.55	1.48	1.45	1.41	1.37	1.32	1.26	1.19
∞	2.71	2.30	2.08	1.94	1.85	1.77	1.72	1.67	1.63	1.60	1.55	1.49	1.42	1.38	1.34	1.30	1.24	1.17	1.00

$\alpha = 0.05$ 续表

n_2	n_1																		
	1	2	3	4	5	6	7	8	9	10	12	15	20	24	30	40	60	120	∞
1	161.4	199.5	215.7	224.6	230.2	234.0	236.8	238.9	240.5	241.9	243.9	245.9	248.0	249.1	250.1	251.1	252.2	253.3	254.3
2	18.51	19.00	19.16	19.25	19.30	19.33	19.35	19.37	19.38	19.40	19.41	19.43	19.45	19.45	19.46	19.47	19.48	19.49	19.50
3	10.13	9.55	9.28	9.12	9.90	8.94	8.89	8.85	8.81	8.79	8.74	8.70	8.66	8.64	8.62	8.59	8.57	8.55	8.53
4	7.71	6.94	6.59	6.39	6.26	6.16	6.09	6.04	6.00	5.96	5.91	5.86	5.80	5.77	5.75	5.72	5.69	5.66	5.63
5	6.61	5.79	5.41	5.19	5.05	4.95	4.88	4.82	4.77	4.74	4.68	4.62	4.56	4.53	4.50	4.46	4.43	4.40	4.36
6	5.99	5.14	4.76	4.53	4.39	4.28	4.21	4.15	4.10	4.06	4.00	3.94	3.87	3.84	3.81	3.77	3.74	3.70	3.67
7	5.59	4.74	4.35	4.12	3.97	3.87	3.79	3.73	3.68	3.64	3.57	3.51	3.44	3.41	3.38	3.34	3.30	3.27	3.23
8	5.32	4.46	4.07	3.84	3.69	3.58	3.50	3.44	3.69	3.35	3.28	3.22	3.15	3.12	3.08	3.04	3.01	2.97	2.93
9	5.12	4.26	3.86	3.63	3.48	3.37	3.29	3.23	3.18	3.14	3.07	3.01	2.94	2.90	2.86	2.83	2.79	2.75	2.71
10	4.96	4.10	3.71	3.48	3.33	3.22	3.14	3.07	3.02	2.98	2.91	2.85	2.77	2.74	2.70	2.66	2.62	2.58	2.54
11	4.84	3.98	3.59	3.36	3.20	3.09	3.01	2.95	2.90	2.85	2.79	2.72	2.65	2.61	2.57	2.53	2.49	2.45	2.40
12	4.75	3.89	3.49	3.26	3.11	3.00	2.91	2.85	2.80	2.75	2.69	2.62	2.54	2.51	2.47	2.43	2.38	2.34	2.30
13	4.67	3.81	3.41	3.18	3.03	2.92	2.83	2.77	2.71	2.67	2.60	2.53	2.46	2.42	2.38	2.34	2.30	2.25	2.21
14	4.60	3.74	3.34	3.11	2.96	2.85	2.76	2.70	2.65	2.60	2.53	2.46	2.39	2.35	2.31	2.27	2.22	2.18	2.13
15	4.54	3.68	3.29	3.06	2.90	2.79	2.71	2.64	2.59	2.54	2.48	2.40	2.33	2.29	2.25	2.20	2.16	2.11	2.07
16	4.49	3.63	3.24	3.01	2.85	2.74	2.66	2.59	2.54	2.49	2.42	2.35	2.28	2.24	2.19	2.15	2.11	2.06	2.01
17	4.45	3.59	3.20	2.96	2.81	2.70	2.61	2.55	2.49	2.45	2.38	2.31	2.23	2.19	2.15	2.10	2.06	2.01	1.96
18	4.41	3.55	3.16	2.93	2.77	2.66	2.58	2.51	2.46	2.41	2.34	2.27	2.19	2.15	2.11	2.06	2.02	1.97	1.92
19	4.38	3.52	3.13	2.90	2.74	2.63	2.54	2.48	2.42	2.38	2.31	2.23	2.16	2.11	2.07	2.03	1.98	1.93	1.88
20	4.35	3.49	3.10	2.87	2.71	2.60	2.51	2.45	2.39	2.35	2.28	2.20	2.12	2.08	2.04	1.99	1.95	1.90	1.84
21	4.32	3.47	3.07	2.84	2.68	2.57	2.49	2.42	2.37	2.32	2.25	2.18	2.10	2.05	2.01	1.96	1.92	1.87	1.81
22	4.30	3.44	3.05	2.82	2.66	2.55	2.46	2.40	2.34	2.30	2.23	2.15	2.07	2.03	1.98	1.94	1.89	1.84	1.78
23	4.28	3.42	3.03	2.80	2.64	2.53	2.44	2.37	2.32	2.27	2.20	2.13	2.05	2.01	1.96	1.91	1.86	1.81	1.76

续表

$\alpha = 0.05$

n_2	n_1																		
	1	2	3	4	5	6	7	8	9	10	12	15	20	24	30	40	60	120	∞
24	4.26	3.40	3.01	2.78	2.62	2.51	2.42	2.36	2.30	2.25	2.18	2.11	2.03	1.98	1.94	1.89	1.84	1.79	1.73
25	4.24	3.39	2.99	2.76	2.60	2.49	2.40	2.34	2.28	2.24	2.16	2.09	2.01	1.96	1.92	1.87	1.82	1.77	1.71
26	4.23	3.37	2.98	2.74	2.59	2.47	2.39	2.32	2.27	2.22	2.15	1.07	1.99	1.95	1.90	1.85	1.80	1.75	1.69
27	4.21	3.35	2.96	2.73	2.57	2.46	2.37	2.31	2.25	2.20	2.13	1.06	1.97	1.93	1.88	1.84	1.79	1.73	1.67
28	4.20	3.34	2.95	2.71	2.56	2.45	2.36	2.29	2.24	2.19	2.12	1.04	1.96	1.91	1.87	1.82	1.77	1.71	1.65
29	4.18	3.33	2.93	2.70	2.55	2.43	2.35	2.28	2.22	2.18	2.10	1.03	1.94	1.90	1.85	1.81	1.75	1.70	1.64
30	4.17	3.32	2.92	2.69	2.53	2.42	2.33	2.27	2.21	2.16	2.09	2.01	1.93	1.89	1.84	1.79	1.74	1.68	1.62
40	4.08	3.23	2.84	2.61	2.45	2.34	2.25	2.18	2.12	2.08	2.00	1.92	1.84	1.79	1.74	1.69	1.64	1.58	1.51
60	4.00	3.15	2.76	2.53	2.37	2.25	2.17	2.10	2.04	1.99	1.92	1.84	1.75	1.70	1.65	1.59	1.53	1.47	1.39
120	3.92	3.07	2.68	2.45	2.29	2.17	2.09	2.02	1.96	1.91	1.83	1.75	1.66	1.61	1.55	1.50	1.43	1.35	1.25
∞	3.84	3.00	2.60	2.37	2.21	2.10	2.01	1.94	1.88	1.83	1.75	1.67	1.57	1.52	1.46	1.39	1.32	1.22	1.00

$\alpha = 0.025$

n_2	n_1																		
	1	2	3	4	5	6	7	8	9	10	12	15	20	24	30	40	60	120	∞
1	647.8	799.5	864.2	899.6	921.8	937.1	948.2	956.7	963.3	968.6	976.7	984.9	993.1	997.2	1001	1006	1010	1014	1018
2	38.51	39.00	39.17	39.25	139.30	39.33	39.36	39.37	39.39	39.40	39.41	39.43	39.45	39.46	39.46	39.47	39.48	39.49	39.50
3	17.44	16.04	15.44	15.10	14.88	14.73	14.62	14.54	14.47	14.42	14.34	14.25	14.17	14.12	14.08	14.04	13.99	13.95	13.90
4	12.22	10.65	9.98	9.60	9.36	9.20	9.07	8.98	8.90	8.84	8.75	8.66	8.56	8.51	8.46	8.41	8.36	8.31	8.26
5	10.01	8.43	7.76	7.39	7.15	6.98	6.85	6.76	6.68	6.62	6.52	6.43	6.33	6.28	6.23	6.18	6.12	6.07	6.02
6	8.81	7.26	6.60	6.23	5.99	5.82	5.70	5.60	5.52	5.46	5.37	5.27	5.17	5.12	5.07	5.01	4.96	4.90	4.85
7	8.07	6.54	5.89	5.52	5.29	5.12	4.99	4.90	4.82	4.76	4.67	4.57	4.47	4.42	4.36	4.31	4.25	4.20	4.14
8	7.57	6.06	5.42	5.05	4.82	4.65	4.53	4.43	4.36	4.30	4.20	4.10	4.00	3.95	3.89	3.84	3.78	3.73	3.67
9	7.21	5.71	5.08	4.72	4.48	4.32	4.20	4.10	4.03	3.96	3.87	3.77	3.67	3.61	3.56	3.51	3.45	3.39	3.33

续表

$\alpha = 0.025$

n_2	n_1: 1	2	3	4	5	6	7	8	9	10	12	15	20	24	30	40	60	120	∞
10	6.94	5.46	4.83	4.47	4.24	4.07	3.95	3.85	3.78	3.72	3.62	3.52	3.42	3.37	3.31	3.26	3.20	3.14	3.08
11	6.72	5.26	4.63	4.28	4.04	3.88	3.76	3.66	3.59	3.53	3.43	3.33	3.23	3.17	3.12	3.06	3.00	2.94	2.88
12	6.55	5.10	4.47	4.12	3.89	3.73	3.61	3.51	3.44	3.37	3.28	3.18	3.07	3.02	2.96	2.91	2.85	2.79	2.72
13	6.41	4.97	4.35	4.00	3.77	3.60	3.48	3.39	3.31	3.25	3.15	3.05	2.95	2.89	2.84	2.78	2.72	2.66	2.60
14	6.30	4.86	4.24	3.89	3.66	3.50	3.38	3.29	3.21	3.15	3.05	2.95	2.84	2.79	2.73	2.67	2.61	2.55	2.49
15	6.20	4.77	4.15	3.80	3.58	3.41	3.29	3.30	3.12	3.06	2.96	2.86	2.76	2.70	2.64	2.59	2.52	2.46	2.40
16	6.12	4.69	4.08	3.73	3.50	3.34	3.22	3.12	3.05	2.99	2.89	2.79	2.68	2.63	2.57	2.51	2.45	2.38	2.32
17	6.04	4.62	4.01	3.66	3.44	3.28	3.16	3.06	2.98	2.92	2.82	2.72	2.62	2.56	2.50	2.44	2.38	2.32	2.25
18	5.98	4.56	3.95	3.61	3.38	3.22	3.10	3.01	2.93	2.87	2.77	2.67	2.56	2.50	2.44	2.38	2.32	2.26	2.19
19	5.92	4.51	3.90	3.56	3.33	3.17	3.05	2.96	2.88	2.82	2.72	2.62	2.51	2.45	2.39	2.35	2.27	2.20	2.13
20	5.87	4.46	3.86	3.51	3.29	3.13	3.01	2.91	2.84	2.77	2.68	2.57	2.46	2.41	2.35	2.29	2.22	2.16	2.09
21	5.83	4.42	3.82	3.48	3.25	3.09	2.97	2.87	2.80	2.73	2.64	2.53	2.42	2.37	2.31	2.25	2.18	2.11	2.04
22	5.79	4.38	3.78	3.44	3.22	3.05	2.93	2.84	2.76	2.70	2.60	2.50	2.39	2.33	2.27	2.21	2.14	2.08	2.00
23	5.75	4.35	3.75	3.41	3.18	3.02	2.90	2.81	2.73	2.67	2.57	2.47	2.36	2.30	2.24	2.18	2.11	2.04	1.97
24	5.72	4.32	3.72	3.38	3.15	2.99	2.87	2.78	2.70	2.64	2.54	2.44	2.33	2.27	2.21	2.15	2.08	2.01	1.94
25	5.69	4.29	3.69	3.35	3.13	2.97	2.85	2.75	2.68	2.61	2.51	2.41	2.30	2.24	2.18	2.12	2.05	1.98	1.91
26	5.66	4.27	3.67	3.33	3.10	2.94	2.82	2.73	2.65	2.59	2.49	2.39	2.28	2.22	2.16	2.09	2.03	1.95	1.88
27	5.63	4.24	3.65	3.31	3.08	2.92	2.80	2.71	2.63	2.57	2.47	2.36	2.25	2.19	2.13	2.07	2.00	1.93	1.85
28	5.61	4.22	3.63	3.29	3.06	2.90	2.78	2.69	2.61	2.55	2.45	2.34	2.23	2.17	2.11	2.05	1.98	1.91	1.83
29	5.59	4.20	3.61	3.27	3.04	2.88	2.76	2.67	2.59	2.53	2.43	2.32	2.21	2.15	2.09	2.03	1.96	1.89	1.81
30	5.57	4.18	3.59	3.25	3.03	2.87	2.75	2.65	2.57	2.51	2.41	2.31	2.20	2.14	2.07	2.01	1.94	1.87	1.79
40	5.42	4.05	3.46	3.13	2.90	2.74	2.62	2.53	2.45	2.39	2.29	2.18	2.07	2.01	1.94	1.88	1.80	1.72	1.64
60	5.29	3.93	3.34	3.01	2.79	2.63	2.51	2.41	2.33	2.27	2.17	2.06	1.94	1.88	1.82	1.74	1.67	1.58	1.48
120	5.15	3.80	3.23	2.89	2.67	2.52	2.39	2.30	2.22	2.16	2.05	1.94	1.82	1.76	1.69	1.61	1.53	1.43	1.31
∞	5.02	3.69	3.12	2.79	2.57	2.41	2.29	2.19	2.11	2.05	1.94	1.83	1.71	1.64	1.57	1.48	1.39	1.27	1.00

$\alpha = 0.01$ 续表

n_2 \ n_1	1	2	3	4	5	6	7	8	9	10	12	15	20	24	30	40	60	120	∞
1	4052	5000	5403	5625	5764	5859	5928	5982	6062	6056	6106	6157	6209	6235	6261	6287	6313	6339	6366
2	98.50	99.00	99.17	99.25	99.30	99.33	99.36	99.37	99.39	99.40	99.42	99.43	99.45	99.46	99.47	99.47	99.48	99.49	99.50
3	34.12	30.82	29.46	28.71	28.24	27.91	27.67	27.49	27.35	27.23	27.05	26.87	26.09	26.60	26.50	26.41	26.32	26.22	26.13
4	21.20	18.00	16.69	15.98	15.52	15.21	14.98	14.80	14.66	14.55	14.37	14.20	14.02	13.93	13.84	13.75	13.65	13.56	13.46
5	16.26	13.27	12.06	11.39	10.97	10.67	10.46	10.29	10.16	10.05	9.29	9.72	9.55	9.47	9.38	9.29	9.20	9.11	9.02
6	13.75	10.92	9.78	9.15	8.75	8.47	8.46	8.10	7.98	7.87	7.72	7.56	7.40	7.31	7.23	7.14	7.06	6.97	6.88
7	12.25	9.55	8.45	7.85	7.46	7.19	6.99	6.84	6.72	6.62	6.47	6.31	6.16	6.07	5.99	5.91	5.82	5.74	5.65
8	11.26	8.65	7.59	7.01	6.63	6.37	6.18	6.03	5.91	5.81	5.67	5.52	5.36	5.28	5.20	5.12	5.03	4.95	4.86
9	10.56	8.02	6.99	6.42	6.06	5.80	5.61	5.47	5.35	5.26	5.11	4.96	4.81	4.73	4.65	4.57	4.48	4.40	4.31
10	10.04	7.56	6.55	5.99	5.64	5.39	5.20	5.06	4.94	4.85	4.71	4.56	4.41	4.33	4.25	4.17	4.08	4.00	3.91
11	9.65	7.21	6.22	5.67	5.32	5.07	4.89	4.74	4.63	4.54	4.40	4.25	4.10	4.02	3.95	3.86	3.78	3.69	3.60
12	9.33	6.93	5.95	5.41	5.06	4.82	4.64	4.50	4.39	4.30	4.16	4.01	3.86	3.78	3.70	3.62	3.54	3.45	3.36
13	9.07	6.70	5.74	5.21	4.86	4.62	4.44	4.30	4.19	4.10	3.96	3.82	3.66	3.59	3.51	3.43	3.34	3.25	3.17
14	8.86	6.51	5.56	5.04	4.69	4.46	4.28	4.14	4.03	3.94	3.80	3.66	3.51	3.43	3.35	3.27	3.18	3.09	3.00
15	8.68	6.36	5.42	4.89	4.56	4.32	4.14	4.00	3.89	3.80	3.67	3.52	3.37	3.29	3.21	3.13	3.05	2.96	2.87
16	8.53	6.23	5.29	4.77	4.44	4.20	4.03	3.89	3.78	3.69	3.55	3.41	3.26	3.18	3.10	3.02	2.93	2.84	2.75
17	8.40	6.11	5.18	4.67	4.34	4.10	3.93	3.79	3.68	3.59	3.46	3.31	3.16	3.08	3.00	2.92	2.83	2.75	2.65
18	8.29	6.01	5.09	4.58	4.25	4.01	3.84	3.71	3.60	3.51	3.37	3.23	3.08	3.00	2.92	2.84	2.75	2.66	2.57
19	8.18	5.93	5.01	4.50	4.17	3.94	3.77	3.63	3.52	3.43	3.30	3.15	3.00	2.92	2.84	2.76	2.67	2.58	2.49
20	8.10	5.85	4.94	4.43	4.10	3.87	3.70	3.56	3.46	3.37	3.23	3.09	2.94	2.86	2.78	2.69	2.61	2.52	2.42
21	8.02	5.78	4.87	4.37	4.04	3.81	3.64	3.51	3.40	3.31	3.17	3.03	2.88	2.80	2.72	2.64	2.55	2.46	2.36
22	7.95	5.72	4.82	4.31	3.99	3.76	3.59	3.45	3.35	3.26	3.12	2.98	2.83	2.75	2.67	2.58	2.50	2.40	2.31
23	7.88	5.66	4.76	4.26	3.94	3.71	3.54	3.41	3.30	3.21	3.07	2.93	2.78	2.70	2.62	2.54	2.45	2.35	2.26
24	7.82	5.61	4.72	4.22	3.90	3.67	3.50	3.36	3.26	3.17	3.03	2.89	2.74	2.66	2.58	2.49	2.40	2.31	2.21

$\alpha = 0.01$

续表

n_2	n_1																		
	1	2	3	4	5	6	7	8	9	10	12	15	20	24	30	40	60	120	∞
25	7.77	5.57	4.68	4.18	3.85	3.63	3.46	3.32	3.22	3.13	2.99	2.85	2.70	2.62	2.54	2.45	2.36	2.27	2.17
26	7.72	5.53	4.64	4.14	3.82	3.59	3.42	3.29	3.18	3.09	2.96	2.81	2.66	2.58	2.50	2.42	2.33	2.23	2.13
27	7.68	5.49	4.60	4.11	3.78	3.56	3.39	3.26	3.15	3.06	2.93	2.78	2.63	2.55	2.47	2.38	2.29	2.20	2.10
28	7.64	5.45	4.57	4.07	3.75	3.53	3.36	3.23	3.12	3.03	2.90	2.75	2.60	2.52	2.44	2.35	2.26	2.17	2.06
29	7.60	5.42	4.54	4.04	3.73	3.50	3.33	3.20	3.09	3.00	2.87	2.73	2.57	2.49	2.41	2.33	2.23	2.14	2.03
30	7.56	5.39	4.51	4.02	3.70	3.47	3.30	3.17	3.07	2.98	2.84	2.70	2.55	2.47	2.39	2.30	2.21	2.11	2.01
40	7.31	5.18	4.31	3.83	3.51	3.29	3.12	2.99	2.89	2.80	2.66	2.52	2.37	2.29	2.20	2.11	2.02	1.92	1.80
60	7.08	4.98	4.13	3.65	3.34	3.12	2.95	2.82	2.72	2.63	2.50	2.35	2.20	2.12	2.03	1.94	1.84	1.73	1.60
120	6.85	4.79	3.95	3.48	3.17	2.96	2.79	2.66	2.56	2.47	2.34	2.19	2.03	1.95	1.86	1.76	1.66	1.53	1.38
∞	6.63	4.61	3.78	3.32	3.02	2.80	2.64	2.51	2.41	2.32	2.18	2.04	1.88	1.79	1.70	1.59	1.47	1.32	1.0

$\alpha = 0.005$

n_2	n_1																		
	1	2	3	4	5	6	7	8	9	10	12	15	20	24	30	40	60	120	∞
1	16211	20000	21615	22500	23056	23437	23715	23925	24091	24224	24426	24630	24836	24940	25044	25148	25253	25359	25465
2	198.5	199.0	199.2	199.2	199.3	199.3	199.4	199.4	199.4	199.4	199.4	199.4	199.4	199.5	199.5	199.5	199.5	199.5	199.5
3	55.55	49.80	47.47	46.19	45.39	44.84	44.43	44.13	43.88	43.69	43.39	43.08	42.78	42.62	42.47	42.31	42.15	41.99	41.83
4	31.33	26.28	24.26	23.15	22.46	21.97	21.62	21.35	21.14	20.97	20.70	20.44	20.17	20.03	19.89	19.75	19.61	19.47	19.32
5	22.78	18.31	16.53	15.56	24.94	14.51	14.20	13.96	13.77	13.62	13.38	13.15	12.90	12.78	12.66	12.53	12.40	12.72	12.14
6	18.63	14.54	12.92	12.03	21.46	11.07	10.79	10.57	10.39	10.25	10.03	9.81	9.59	9.47	9.36	9.24	9.42	9.00	8.88
7	16.24	12.40	10.88	10.05	9.52	9.16	8.89	8.68	8.51	8.38	8.18	7.97	7.75	7.65	7.53	7.42	7.31	7.19	7.08
8	14.69	11.04	9.60	8.81	8.30	7.95	7.69	7.50	7.34	7.21	7.01	6.81	6.61	6.50	6.40	6.29	6.18	6.06	5.95
9	13.61	10.11	8.72	7.96	7.47	7.13	6.88	6.69	6.54	6.42	6.23	6.03	5.83	5.73	5.62	5.52	5.41	5.30	5.19

续表

$\alpha = 0.005$

n_2	n_1																		
	1	2	3	4	5	6	7	8	9	10	12	15	20	24	30	40	60	120	∞
10	12.83	9.43	8.08	7.34	6.87	6.54	6.30	6.12	5.97	5.85	5.66	5.47	5.27	5.17	5.07	4.97	4.86	4.75	4.64
11	12.23	8.91	7.60	6.88	6.42	6.10	5.86	5.68	5.54	5.42	5.24	5.05	4.86	4.76	4.65	4.55	4.44	4.34	4.23
12	11.75	8.51	7.23	6.52	6.07	5.76	4.52	5.35	5.20	5.09	4.91	4.72	4.53	4.43	4.33	4.23	4.12	4.01	3.90
13	11.37	8.19	6.93	6.23	5.79	5.48	5.25	5.08	4.94	4.82	4.64	4.46	4.27	4.17	4.07	3.97	3.87	3.76	3.65
14	11.06	7.92	6.68	6.00	5.86	5.26	5.03	4.86	4.72	4.60	4.43	4.25	4.06	3.96	3.86	3.76	3.66	3.55	3.44
15	10.80	7.70	6.48	5.80	5.37	5.07	4.85	4.67	4.54	4.42	4.25	4.07	3.88	3.79	3.69	3.52	3.48	3.37	3.26
16	10.58	7.51	6.30	5.64	5.21	4.91	4.96	4.52	4.38	4.27	4.10	3.92	3.73	3.64	3.54	3.44	3.23	3.22	3.11
17	10.38	7.35	6.16	5.50	5.07	4.78	4.56	4.39	4.25	4.14	3.97	3.79	3.61	3.51	3.41	3.31	3.21	3.10	2.98
18	10.22	7.21	6.03	5.37	4.96	4.66	4.44	4.28	4.14	4.03	3.86	3.68	3.50	3.40	3.30	3.20	3.10	2.99	2.87
19	10.07	7.09	5.92	5.27	4.85	4.56	4.34	4.18	4.04	3.93	3.76	3.59	3.40	3.31	3.21	3.11	3.00	2.89	2.78
20	9.94	6.99	5.82	5.17	4.76	4.47	4.26	4.09	3.96	3.85	3.68	3.50	3.32	3.22	3.12	3.02	2.92	2.81	2.69
21	9.83	6.89	5.73	5.09	4.68	4.39	4.18	4.01	3.88	3.77	3.60	3.43	3.24	3.15	3.05	2.95	2.84	2.73	2.61
22	9.73	6.81	5.65	5.02	4.61	4.32	4.11	3.94	3.81	3.70	3.54	3.36	3.18	3.08	2.98	2.88	2.77	2.66	2.55
23	9.63	6.73	5.58	4.95	4.54	4.26	4.05	3.88	3.75	3.64	3.47	3.30	3.12	3.02	2.92	2.82	2.71	2.60	2.48
24	9.55	6.66	5.52	4.89	4.49	4.20	3.99	3.83	3.69	3.59	3.42	3.25	3.06	2.97	2.87	2.77	2.66	2.55	2.43
25	9.48	6.60	5.46	4.84	4.43	4.15	3.94	3.78	3.64	3.64	3.37	3.20	3.01	2.92	2.82	2.72	2.61	2.50	2.38
26	9.41	6.54	5.41	4.79	4.38	4.10	3.89	3.73	3.60	3.49	3.33	3.15	2.97	2.87	2.77	2.67	2.56	2.45	2.33
27	9.34	6.49	5.36	4.74	4.34	4.06	3.85	3.69	3.56	3.45	3.28	3.11	2.93	2.83	2.73	2.63	2.52	2.41	2.29
28	9.28	6.44	5.32	4.70	4.30	4.02	3.81	3.65	3.52	3.41	3.25	3.07	2.89	2.79	2.69	2.59	2.48	2.37	2.25
29	9.23	6.40	5.28	4.66	4.26	3.98	3.77	3.61	3.48	3.38	3.21	3.04	2.86	2.76	2.66	2.56	2.45	2.33	2.21
30	9.18	6.35	5.24	4.62	4.23	3.95	3.74	3.58	3.45	3.34	3.18	3.01	2.82	2.73	2.63	2.52	2.42	2.30	2.18
40	8.83	6.07	4.98	4.37	3.99	3.71	3.51	3.35	3.22	3.12	2.95	2.78	2.60	2.50	2.40	2.30	2.18	2.06	1.93
60	8.49	5.79	4.73	4.14	3.76	3.49	3.29	3.13	3.01	2.90	2.74	2.57	2.39	2.29	2.19	2.08	1.96	1.83	1.69
120	8.18	5.54	4.50	3.92	3.55	3.28	3.09	2.93	2.81	2.75	2.54	2.37	2.19	2.09	1.98	1.87	1.75	1.61	1.43
∞	7.88	5.30	4.28	3.72	3.35	3.09	2.90	2.74	2.62	2.52	2.36	2.19	2.00	1.90	1.79	1.67	1.53	1.36	1.00

附表 6　相关系数检验表

$n-2$	α		$n-2$	α	
	0.05	0.01		0.05	0.01
1	0.997	1.000	21	0.413	0.526
2	0.950	0.990	22	0.404	0.515
3	0.878	0.959	23	0.396	0.505
4	0.811	0.917	24	0.388	0.496
5	0.754	0.874	25	0.381	0.487
6	0.707	0.834	26	0.374	0.478
7	0.666	0.798	27	0.367	0.470
8	0.632	0.765	28	0.361	0.463
9	0.602	0.735	29	0.355	0.456
10	0.576	0.708	30	0.349	0.449
11	0.553	0.684	35	0.325	0.418
12	0.532	0.661	40	0.304	0.393
13	0.514	0.641	45	0.288	0.372
14	0.497	0.623	50	0.273	0.354
15	0.482	0.606	60	0.250	0.325
16	0.468	0.590	70	0.232	0.302
17	0.456	0.575	80	0.217	0.283
18	0.444	0.561	90	0.205	0.267
19	0.433	0.549	100	0.195	0.254
20	0.423	0.537	200	0.138	0.181